应用型人才培养产教融合创新教材

BIM安装工程
计量与计价

刘 星　谷洪雁　陈楚晓　主编

BIM ANZHUANG GONGCHENG
JILIANG YU JIJIA

化学工业出版社

·北京·

内容简介

党的二十大报告指出"建设现代化产业体系""数字中国"，本书将BIM融入计量计价，开展数字化造价。本书内容主要分为两大模块：BIM安装工程计量与BIM安装工程计价。BIM安装工程计量借助于广联达GQI2021软件，以项目导向的形式进行软件操作讲解，主要讲述BIM安装算量软件介绍、给排水工程算量、采暖工程算量、消防工程算量、通风空调工程算量以及电气工程算量；BIM安装工程计价为工程清单计价，借助于广联达GCCP6.0软件进行计价部分案例讲解。

本书提供有丰富的视频数字资源，可通过扫描书中二维码获取。

本书可作为应用型本科和高等职业院校工程造价、建设工程管理等土建类相关专业教材，也可以作为成人教育土建类相关专业的教材，还可供从事工程造价等技术工作的人员参考使用。

图书在版编目（CIP）数据

BIM安装工程计量与计价/刘星，谷洪雁，陈楚晓
主编. —北京：化学工业出版社，2022.8（2024.2重印）
ISBN 978-7-122-41359-8

Ⅰ.①B…　Ⅱ.①刘…　②谷…　③陈…　Ⅲ.①建筑
安装–计量–应用软件②建筑安装–工程造价–应用
软件　Ⅳ.①TU723.32-39

中国版本图书馆CIP数据核字（2022）第074457号

责任编辑：李仙华　　　　　　　　　　　　　　　　装帧设计：史利平
责任校对：边　涛

出版发行：化学工业出版社（北京市东城区青年湖南街13号　邮政编码100011）
印　　刷：北京云浩印刷有限责任公司
装　　订：三河市振勇印装有限公司
787mm×1092mm　1/16　印张8½　字数198千字　2024年2月北京第1版第3次印刷

购书咨询：010-64518888　　　　　　　　　　　　　售后服务：010-64518899
网　　址：http://www.cip.com.cn
凡购买本书，如有缺损质量问题，本社销售中心负责调换。

定　　价：32.00元

编写人员名单

主　　编　刘　星（河北工业职业技术大学）

　　　　　谷洪雁（河北工业职业技术大学）

　　　　　陈楚晓（河北工业职业技术大学）

副 主 编　刘　娜（河北正定师范高等专科学校）

　　　　　李占巧（河北工业职业技术大学）

　　　　　刘　闪（河北拓扑建筑设计有限公司）

　　　　　张瑶瑶（河北工业职业技术大学）

　　　　　董　想（河北工业职业技术大学）

参　　编　梁希桐（辽宁建筑职业学院）

　　　　　刘睿哲（河北工业职业技术大学）

　　　　　张　婷（河北工业职业技术大学）

　　　　　李雪军（河北工业职业技术大学）

　　　　　杨红超（河北建筑设计研究院有限责任公司）

　　　　　刘兵红（河北新烨工程技术有限公司）

主　　审　王春梅（河北工业职业技术大学）

序

国务院印发的《国家职业教育改革实施方案》中指出："建设一大批校企'双元'合作开发的国家规划教材，倡导使用新型活页式、工作手册式教材并配套开发信息化资源。每3年修订1次教材，其中专业教材随信息技术发展和产业升级情况及时动态更新。适应'互联网＋职业教育'发展需求，运用现代信息技术改进教学方式方法，推进虚拟工厂等网络学习空间建设和普遍应用。"河北工业职业技术大学为落实方案精神，并推动"中国特色高水平高职学校和专业建设计划""双高"项目建设，联合河北建工集团、广联达科技股份有限公司等业内知名企业共同开发了基于"工学结合"，服务于建筑业产业升级的系列产教融合创新教材。

该丛书的编者多年从事建筑类专业的教学研究和实践工作，重视培养学生的实践技能。他们在总结现有文献的基础上，坚持"立德树人、德技并修、理论够用、应用为主"的原则，基于"岗课赛证"综合育人机制，对接"1+X"职业技能等级证书内容和国家注册建造师、注册监理工程师、注册造价工程师、建筑室内设计师等职业资格考试内容，按照生产实际和岗位需求设计开发教材，并将建筑业向数字化设计、工厂化制造、智能化管理转型升级过程中的新技术、新工艺、新理念等纳入教材内容。书中二维码嵌入了大量的数字资源，融入了教育信息化和建筑信息化技术，包含了最新的建筑业规范、规程、图集、标准等文件，丰富的施工现场图片，虚拟仿真模型，教师微课知识讲解、软件操作、施工现场施工工艺模拟等视频音频文件，以大量的实际案例启发学生举一反三、触类旁通，同时随着国家政策调整和新规范的出台实时进行调整与更新。不仅为初学人员的业务实践提供了参考依据，也为建筑业从业人员学习建筑业新技术、新工艺提供了良好的平台。因此，本丛书既可作为职业院校和应用型本科院校建筑类专业学生用书，也可作为工程技术人员的参考资料或一线技术工人上岗培训的教材。

"十四五"时期，面对高质量发展新形势、新使命、新要求，建筑业从要素驱动、投资驱动转向创新驱动，以质量、安全、环保、效率为核心，向绿色化、工业化、智能化的新型建造方式转变，实现全过程、全要素、全参与方的升级，这就需要我们建筑专业人员更好地去探索和研究。

衷心希望各位专家和同行在阅读此丛书时提出宝贵的意见和建议，在全面建设社会主义现代化国家新征程中，共同将建筑行业发展推向新高，为实现建筑业产业转型升级做出贡献。

全国工程勘察设计大师 梁余刚

2021 年 12 月

前言

党的二十大报告指出"推进新型工业化，加快建设制造强国、质量强国、航天强国、交通强国、网络强国、数字中国"。在建筑业的发展变革中，要做好精细化管理、数字化转型措施。新型现代化行业建设带来人才的改革，深耕行业发展。本书结合专业人才培养方案进行编写，帮助读者掌握数字化安装工程计量与计价。

工程造价作为承接 BIM 设计模型向施工管理输出模型的中间关键阶段，安装预算又是工程造价的重要组成部分，因此，安装造价员急需转型。本书以 BIM 技术为基础，按照《通用安装工程工程量计算规范》（GB 50856—2013）、《建设工程工程量清单计价规范》（GB 50500—2013）和《全国统一安装工程预算定额河北省消耗量定额》（2012 版）等规范为依据进行案例编制，并结合"1+X"工程造价证书要求，突出了以下特色。

一是项目导向，注重理论与实践的融合。通过项目阶段任务化的模式，开展项目化实训教学，通过项目化任务的训练，让学生快速掌握安装工程计量计价技能。

二是注重创新引领，注重技术与信息融合。既有经典理论和实用图例，又结合编者多年的教学与实践经验，教材在编写过程中，大量应用了二维码功能，配备信息化资源，开发了丰富的视频资源，体现教、学、做的协调统一。

本书共分为两大模块，BIM 安装工程计量以及 BIM 安装工程计价。BIM 安装工程计量中包含了给排水、采暖、消防、通风空调、电气五大专业安装算量，借助于广联达 GQI2021 软件，以项目导向的形式进行软件操作讲解；BIM 安装工程计价主要为工程清单计价，借助于广联达 GCCP6.0 软件进行计价部分案例讲解。通过讲练结合模式，使读者快速掌握 BIM 安装工程计量与计价操作技能。本书主要是针对软件配合实际工程案例实操学习使用，因此需要读者具有一定基础的计算操作能力和安装工程的识图知识，才能达到最佳的学习效果。

本书由河北工业职业技术大学刘星、谷洪雁、陈楚晓担任主编；河北正定师范高等专科学校刘娜，河北工业职业技术大学李占巧，河北拓扑建筑设计有限公司刘闪，河北工业职业技术大学张瑶瑶、董想担任副主编；辽宁建筑职业学院梁希桐，河北工业职业技术大学刘睿哲、张婷、李雪军，河北建筑设计研究院有限责任公司杨红超、河北新烨工程技术有限公司刘兵红共同参与编写。河北工业职业技术大学王春梅对本书进行了审定。本书注重内容与标准的融合，按照 BIM 一体化课程设计思路，围绕设计打通造价应用展开编制，较好地做到了教材内容与实际职业标准、岗位职责相一致，为 BIM 技术在工程造价行业落地应用提供了很好的资源，探索了特色教材编写的新路径。

本书提供有丰富的视频数字资源，可通过扫描书中二维码获取。读者还可登录网址 www.cipedu.com.cn 下载本书配套电子课件，以及 3# 建筑物（西配楼）给排水、采暖、消防、通风空调、电气工程图纸。

由于编者水平有限，不足之处在所难免，敬请广大读者给予指正。

编者

目　录

模块一　BIM安装工程计量

模块二　BIM安装工程计价

视频资源目录

模块一

BIM安装工程计量

项目准备

BIM安装算量软件介绍

 知识目标

熟悉软件界面及使用方法；
掌握软件基本操作。

 技能目标

能进行工程新建及保存；
会工程算量基本操作流程。

 素质目标

具有认真严谨的工作态度，严格按照图纸进行模型构建；
具有规则意识，按照工程项目要求的清单和定额规则进行算量；
具有良好的沟通能力，能在对量过程中以理服人。

一、软件界面介绍

BIM 安装算量软件是针对民用建筑安装全专业的一款工程量计算软件。广联达安装算量软件 GQI2021 支持全专业 BIM 三维模式算量和手算模式算量，适用于所有电算化水平的安装造价和技术人员使用，兼容市场上所有电子版图纸的导入，包括 CAD 图纸、Revit 模型、PDF 图纸、图片等。通过智能化识别、可视化三维显示、专业化计算规则、灵活化的工程量统计、无缝化的计价导入，全面解决安装专业各阶段手工计算效率低、难度大等问题。

下面对 BIM 安装算量软件 GQI2021 软件界面进行介绍。

软件打开界面如图 0-1 所示，菜单栏、工具功能栏、导航栏、状态栏及绘图区分布如图 0-1 所示。

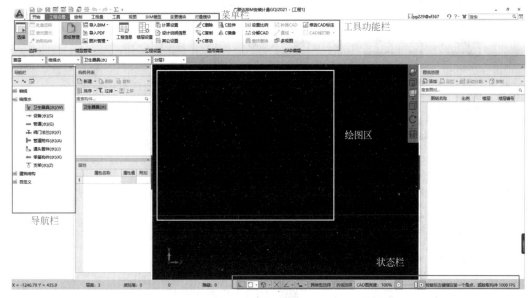

图0-1　软件界面

菜单栏中主要有："开始""工程设置""绘制""工程量""工具""视图""BIM 模型""变更模块"及"对量模块"。

① 点击【开始】可以重新新建工程或打开已有工程。

②"工程设置"，进行图纸管理，工程信息填写、楼层设置。计算设置如图 0-2 所示，可以查看工程算量规则，并进行修改。设计说明信息及其他设置可以根据图纸设计施工说明进行修改。如图 0-3 所示。通用编辑及 CAD 编辑可以进行 CAD 图纸及模型修改。

图0-2　计算设置

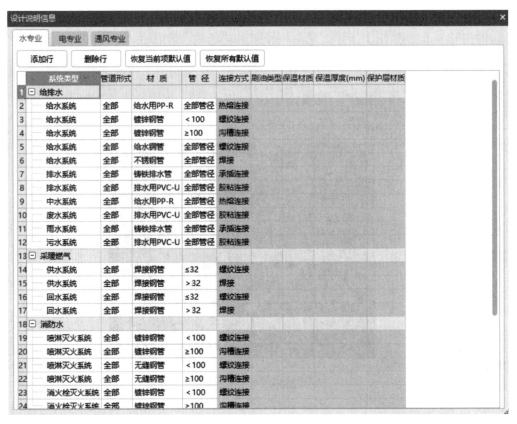

图0-3 设计说明信息

③"绘制",主要对工程量进行识别绘制,在此工具使用时,首先要先选择左侧导航栏中所对应的工程项,随之"绘制"中会随对应导航栏发生相应更改,识别或者绘制完成模型创建。

④"工程量",可通过表格输入对工程量进行计算,工程模型创建完成后,经过汇总计算,套做法,套取清单或定额,计算完成可以输出报表。

⑤"工具",在进行安装算量过程中,可借助于辅助工具便于计算测量,"楼层设置"选项帮助更好地进行软件使用。

⑥"视图",主要对界面显示、视图以及图元显示进行调整更改。

⑦"BIM模型",在此可导入土建模型,合成模型及BIM检查、剖切,在模型创建中,还可以进行实体显示。

⑧"变更模块"及"对量模块",算量中出现的变更、编辑对量以及对量记录在此进行编辑体现。

软件状态栏右下角为命令提示,选中命令后,会对所选中命令进行使用提示。

软件保存:工程完成后,对软件进行保存,点击快速工具栏中图0-4中的图标,或者点击左上角图标的右下角,选中图0-5中的"保存",选择保存文件夹,并对文件名进行修改,点击【保存】。

图0-4 保存工程

图0-5　保存工程方式

二、软件算量操作步骤

操作步骤：新建工程→工程信息→楼层设置→图纸添加→设置比例→定位→分割图纸→工程算量→汇总计算→套做法。

（1）新建工程　新建工程，并对工程名称、工程专业、计算规则、工程清单、定额及软件算量模式进行选择设置。如图 0-6 所示。

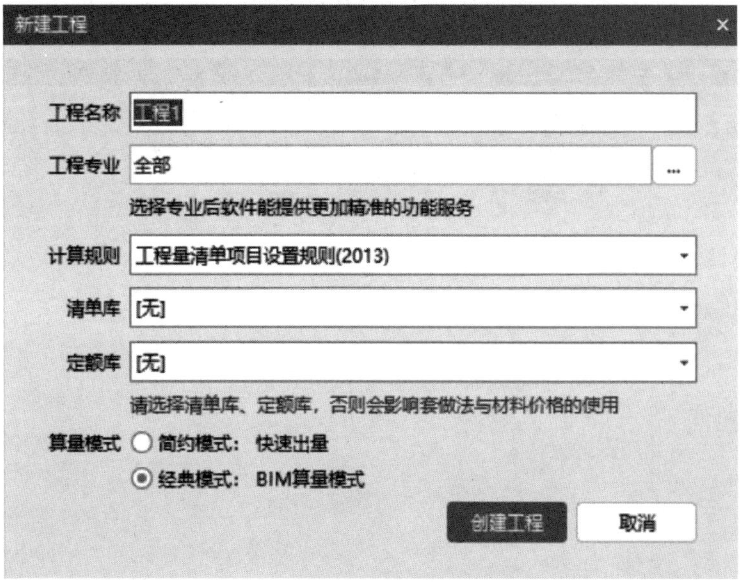

图0-6　新建工程

（2）工程信息　对图 0-7 中工程信息进行修改。此处同样可以修改工程名称及所选计算规则、清单库和定额库，同时根据工程需求填写工程信息，必填项包括有地上层数、地下层数及建筑面积。

	属性名称	属性值
1	⊟ 工程信息	
2	工程名称	西配楼
3	计算规则	工程量清单项目设置规则(2013)
4	清单库	工程量清单项目计量规范(2013-河北)
5	定额库	全国统一安装工程预算定额河北省消耗量定额(2012)
6	项目代号	
7	工程类别	住宅
8	结构类型	框架结构
9	建筑特征	矩形
10	地下层数(层)	
11	地上层数(层)	
12	檐高(m)	35
13	建筑面积(m²)	
14	⊟ 编制信息	
15	建设单位	
16	设计单位	
17	施工单位	
18	编制单位	
19	编制日期	2021-07-21
20	编制人	
21	编制人证号	
22	审核人	
23	审核人证号	

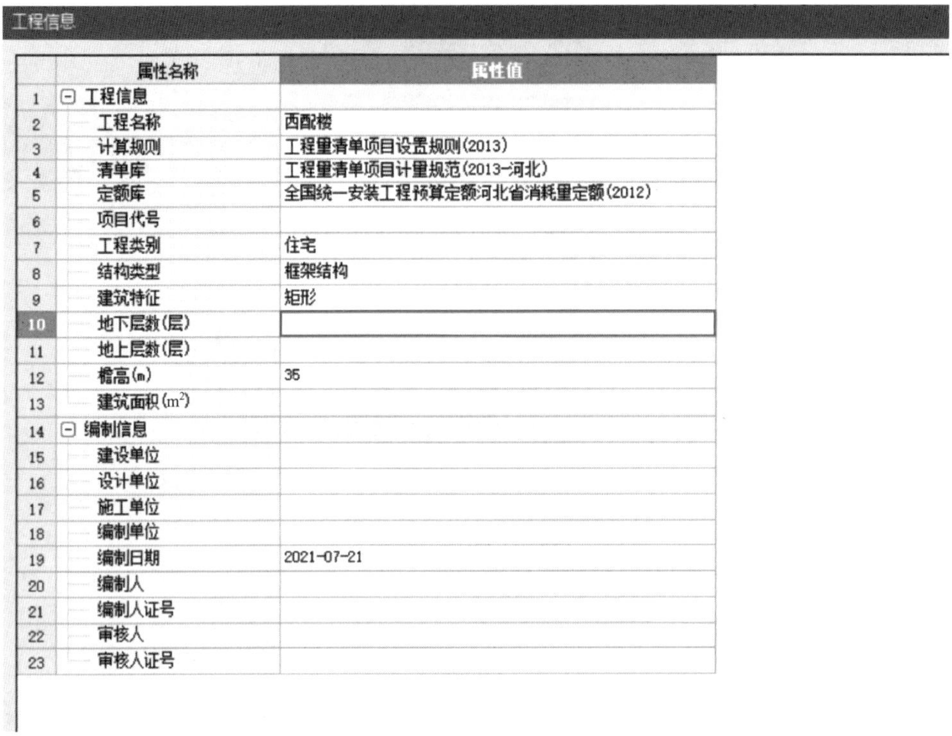

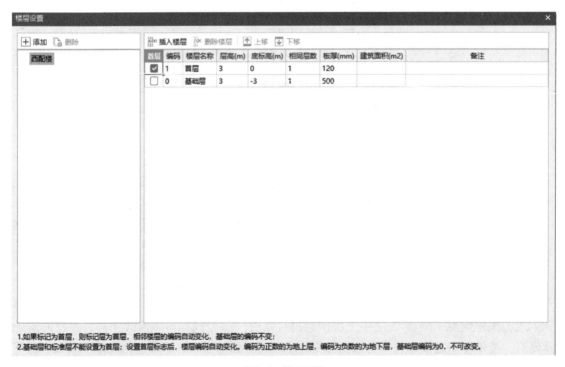

图0-7　工程信息

（3）楼层设置　根据工程图纸信息，进行楼层设置，如图0-8所示。软件默认给出首层和基础层。根据图纸要求设置基础层和首层高度。输入首层高度；选中首层所在行，点击

首层	编码	楼层名称	层高(m)	底标高(m)	相同层数	板厚(mm)	建筑面积(m2)	备注
☑	1	首层	3	0	1	120		
☐	0	基础层	3	-3	1	500		

1.如果标记为首层，则标记层为首层，相邻楼层的编码自动变化，基础层的编码不变；
2.基础层和标准层不能设置为首层；设置首层标志后，楼层编码自动变化，编码为正数的为地上层，编码为负数的为地下层，基础层编码为0，不可改变。

图0-8　楼层设置

上方"插入楼层",添加第2层,输入第2层层高。点击"插入楼层",建立屋顶层,输入屋顶层高度。

 注意

　·基础层和首层楼层名称及编码不能修改;

　·首层设置可根据实际情况,点击首层列的"√",改变首层位置;

　·基础层指的是最底层地下室以下的部分,当建筑物没有地下室时,可以把首层以下的部分定义为基础层。

(4)图纸添加　点击"添加"按钮,如图0-9所示。打开"批量添加CAD图纸文件"对话框,找到要添加的图纸,单击该图纸后点击"打开"按钮,即可导入CAD图。

(5)设置比例　图纸导入软件以后,如图0-10所示,在"CAD编辑"中选择"设置比例",对图纸比例进行设置,确定图纸标注与软件中尺寸一致。

图0-9　图纸添加

图0-10　设置比例

(6)定位图纸　为了帮助楼层分割后,上下楼层完全对应形成最终的三维模型,需要给各楼层图纸设定一个公共交点,作为定位点。如图0-11所示。

(7)分割图纸　图纸分割,一般选用如图0-12所示的手动分割方式。分割完成的图纸与相应楼层一一对应。

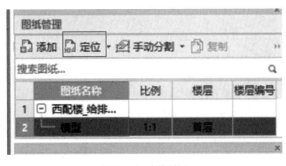

图0-11　定位图纸

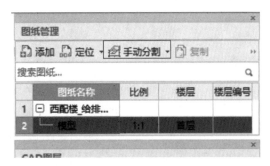

图0-12　分割图纸

(8)工程算量　安装工程算量主要由两部分组成,点式构件和线性构件,在进行算量时,选中导航栏中对应选项,在工具栏中选择"工程量",可根据识别或绘制对工程量进行计算。

(9)汇总计算及套做法　工程量计算完成后,要点击如图0-13所示的"汇总计算"对工程量进行汇总,再利用图0-14所示的"套做法",套取清单(或定额)。

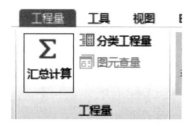

图0-13　汇总计算

图0-14　套做法

 能力训练题

一、选择题

1. 以下哪种文件可以导入 GQI 软件中？（　　　）

　　A.CAD格式　　　　　B.天正图纸格式　　　　C.Revit格式　　　　　D.PDF格式

2. 软件新建工程时，可以选择的工程专业有（　　　）。

　　A.钢结构　　　　　　B.装饰　　　　　　　　C.给排水　　　　　　D.消防

3. 菜单栏中不包含以下哪项？（　　　）

　　A.工程量　　　　　　B.BIM模型　　　　　　C.视图　　　　　　　D.图纸添加

二、简答题

1. 菜单栏视图中，界面显示包含了哪些内容？

2. 请对给排水工程进行工程新建、工程信息以及楼层设置。

项目一

给排水工程算量

 知识目标

熟悉给排水工程施工图纸识读方法；
掌握给排水工程软件算量思路及方法；
掌握给排水工程套清单做法、工程量输出的方法。

 技能目标

能够根据图纸准确绘制给排水管道；
能够根据图纸识别卫生器具及阀门、附件；
能够完成给排水工程零星构件识别；
能够对工程量进行汇总计算及套做法。

 素质目标

养成辩证思维和一丝不苟的科学态度，保持自主学习的兴趣和愿望，具有正确的世界观和较强的创新意识，具有公平竞争意识和社会责任感；

注重自身发展与行业特点紧密联系，培养正确的就业观念，逐步形成严谨的工作态度和踏实的工作作风，具备较强的表达与沟通能力；

树立爱岗敬业、诚实守信、团结协作的品质，加强环保、节能、安全意识和执法观念，为职业生涯发展奠定良好的基础。

本项目以 3# 建筑物（西配楼）给排水工程为例进行介绍，给排水工程主要分为给水工程和排水工程。本工程水源是市政给水，生活给水有 2 个分区，地下 1 层为低区，市政管网直接供给；地上 2、3 层为高区，由生活水箱及加压设备供给。

任务一　图纸分析

一、任务说明

　　识读 3# 建筑物（西配楼）给排水工程图纸，并对工程量计算所需图纸信息进行提取。

二、操作步骤

　　给排水算量进行图纸识读时，需要提取的图纸内容包含有：①卫生器具；②给排水管道；③阀门；④管道附件；⑤零星构件等。

　　识读顺序为：设计说明→材料表及图例→给排水系统图→给排水平面图。识读图纸时，应把设计说明、系统图与平面图相互结合来识读。

三、任务实施

（一）工程概况

　　本工程为车站广场工程建筑物西配楼，地上三层，建筑面积 4008.1m²，建筑物长 65.7m，宽 18.7m，高 16.2m；第 1 层地面标高 ±0.000m，层高 5.4m；第 2 层地面标高 5.4m，层高 3.9m；第 3 层地面标高 9.3m，层高 3.9m。建筑主要功能：厨房、餐厅、业务用房等。

　　本工程给水系统分为 2 个供水分区，地上 1 层为低区，由市政管网直接供给，地上 2、3 层为高区，由地下水泵房的生活水箱及加压设备供给。

（二）图纸信息分析

　　通过对图纸进行分析，可以看出给排水管路主要分布在公共卫生间、厨房、接待室卫生间、办公室卫生间等位置。公共卫生间内为感应式洗手盆和感应式小便器，厨房水龙头为鹅脖水龙头。

　　管道敷设：排水系统排水立管接排水横干管或排出管采用 45° 连接，其他排水管连接尽量采用 45° 管件连接，排水立管底部与横管连接转角处做加固措施，排出管按有关规范加伸缩节等配件。排水管坡度：UPVC 排水横支管采用标准坡度 i=0.026，底层横干管坡度 > 0.01。

　　排水立管上每层汇合部位的下方设置伸缩节。横管及无汇合管件的直线管段大于 2.2m 时，在与立管汇合管件位置的横管一侧设置伸缩节，但伸缩节的最大间距不得大于 4m。排水塑料管穿越防火墙时设阻火圈。

　　金属给水管穿楼板、墙壁等处时，应预埋钢套管，楼板内钢套管上端高出地面 20mm，下端与楼板地面相平，其套管规格应比管道管径大一、两号。穿越楼板的套管与管道之间缝隙应用阻燃密实材料和防水油膏填实，端面光滑。穿墙套管与管道之间缝隙宜用阻燃密实材料填实，且端面应光滑。管道的接口不得设在套管内。

给水管的标高以管中心计，排水管的标高以管内底计。

给水管道、排水管道管材及接口形式如图 1-1 所示。管道标高在系统图中查看，管道尺寸在系统图及平面图中标识。

图纸图例如图 1-2 所示，主要材料表如图 1-3 所示。

5.管材、接口及防腐

管道	管材	接口方式
生活给水管(主干管)	PSP钢塑复合给水管	扩口或内胀式连接
生活给水管(支管)	PP-R管(S5)	热熔连接
生活热水管(主干管)	薄壁不锈钢管	卡压式连接
生活热水管(支管)	PP-R热水管	热熔连接
消火栓给水管	热浸锌镀锌无缝钢管	沟槽连接
自动喷水给水管	内外壁热浸镀锌钢管	$DN{\leqslant}50$螺纹连接 $DN{>}50$沟槽连接
生活排水管	UPVC管	粘接连接
厨房排水管	铸铁管	承插式连接

防腐：焊接钢管做防腐处理。镀锌层被破坏部分及管道螺纹露出部分做防腐处理。埋地钢管做加强防腐。消火栓管刷银粉漆二道。在涂刷底漆前，应清除管道表面的灰尘、污垢、锈斑、焊渣等物，涂刷应饱满、均匀、不漏刷、不流涡。防腐具体做法应参照《建筑给水排水与采暖工程施工质量验收规范》GB 50242—2002中表9.2.6进行。

图1-1 管材及接口方式

图 例

平面	系统	名称	平面	系统	名称
—XH	XHL–	消火栓给水管及立管	⊙		自动快速排气阀
—ZP	ZPL–	自动喷水管及立管	—○—		闭式直立喷头
—J1	J1L–	低区给水管及立管	—○—		吊顶式喷头
—J2	J2L–	高区给水管及立管		—L—	水流指示器
—WL–	WL–	污水排水管及立管			末端测试阀
—YFL–	YFL–	压力废水管及立管			单栓室内消火栓
截止阀		截止阀	▲▲		手提式灭火器
信号蝶阀		信号蝶阀			蝶阀
角阀		角阀			止回阀
水表		水表			检查口
存水弯		存水弯	⊖		清扫口
		感应式小便器冲洗阀	⊘		地漏
		脚踏式大便器冲洗阀			通气帽
		水龙头		○	水流指示器
		Y形过滤器			倒流防止器

图1-2 给水管道图例

主要材料选型表

系统	名称	型号	备注
生活给水系统	蝶阀	D71X-10	$DN > 50mm$
	截止阀	J11W-10T	$DN \leqslant 50mm$
	止回阀	H44T-10P	
	Y形过滤器	SG41H-1.0	工作压力1.00MPa
	水表	LXLC	$DN > 50mm$
	水表	LXS	$DN \leqslant 50mm$
	倒流防止器	HS11X-10T-A	

图1-3 主要材料表

任务二 新建工程及图纸管理

一、任务说明

新建给排水工程，导入图纸，进行工程基本设置。

二、操作步骤

新建工程→工程信息→楼层设置→图纸添加→定位→图纸分割→设置比例。

三、任务实施

1. 新建工程

（1）双击桌面"广联达 BIM 安装计量 GQI2021"图标，启动软件，进入新建界面。

（2）左键点击界面左上角"新建"按钮，弹出"新建工程"窗口，编辑新建工程，工程名称输入"西配楼 - 给排水"，工程专业选择"给排水"，计算规则选择"工程量清单项目设置规则 (2013)"，清单库选择"工程量清单项目计量规范 (2013- 河北)"，定额库选择"全国统一安装工程预算定额河北省消耗量定额（2012）"，如图 1-4 所示。点击"创建工程"，进入软件主界面。

2. 工程信息

点击选择工程设置面板下的"工程信息"，弹出工程信息界面，在工程信息中地上层数填入"3"，建筑面积输入"4008.1"，编制信息根据实际编制信息填写，如图 1-5 所示。

1-1 新建工程

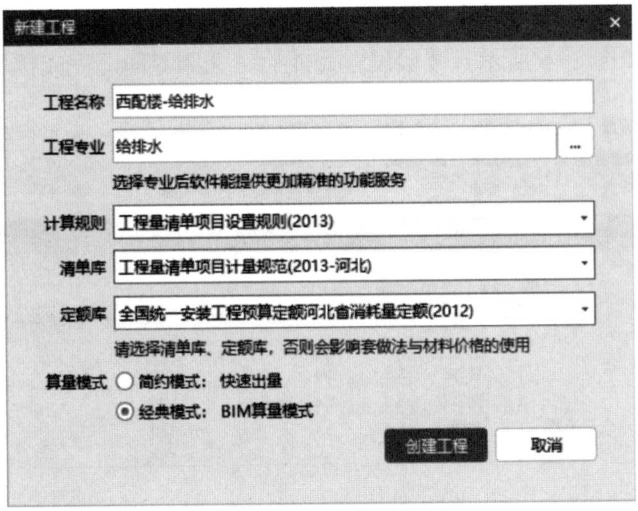

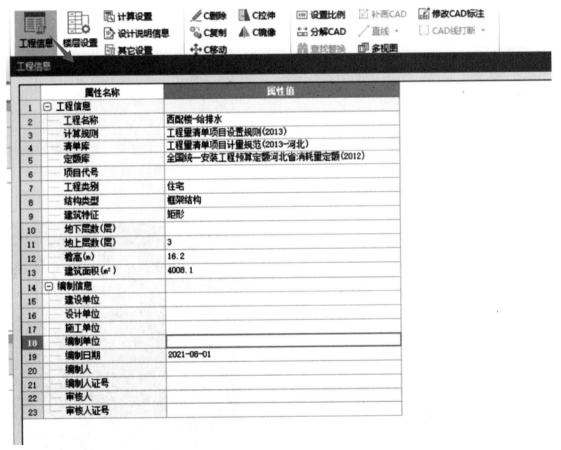

图1-4　新建工程

图1-5　工程信息

3. 楼层设置

点击选择工程设置面板下的"楼层设置",弹出楼层设置界面,界面初始有基础层和首层,基础层不修改,首层层高改为"5.4"。选中首层,点击上方的"插入楼层",插入第2层、第3层以及第4层，将"第4层"改为"屋顶"，第2层、第3层层高改为"3.9"，底标高发生相应的改变，如图1-6所示。楼层设置完成后，关闭界面即完成楼层设置。

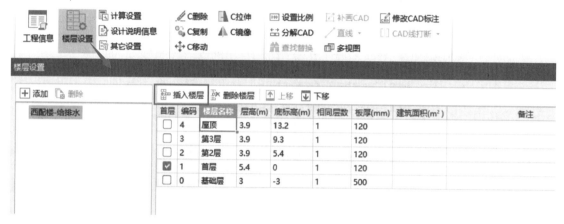

图1-6 楼层设置

4. 图纸添加

点击界面图纸管理中"添加"，如图1-7所示，弹出"批量添加CAD图纸文件"窗口，选择所要添加的图纸，点击"打开"，将图纸添加到软件中。

5. 图纸定位

图纸添加进来后，为了保证后续各层建立的模型在同一位置上，需对平面图进行定位。点击图纸管理中的"定位"，选择状态栏下方的正交⊠，根据右下角提示，左键先选择第一条参考线，然后选择第二条与之相交的参考线，定位点建立，如图1-8所示。依次将各个平面图以及卫生间给水排水管平面放大图进行图纸定位。

6. 图纸分割

分割图纸并将各层平面图与对应的楼层匹配。点击图纸管理中的"手动分割"，根据右下方提示，框选对应平面图，右击确认，弹出"请输入图纸名称"窗口，点击"识别图名"回到本层图纸中，选择图纸名称，右击确定，然后在楼层选择中选择对应的楼层，大样图放置在首层，系统图、设计说明、无对应楼层的图纸可放到基础层。如图1-9所示。

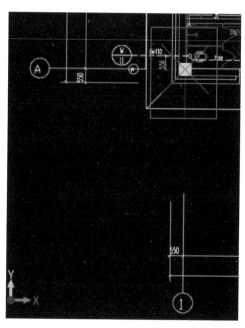

图1-8 图纸定位

图1-7 图纸添加

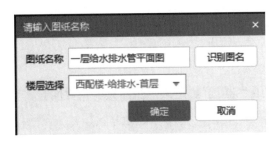

图1-9　图纸分割

7. 设置比例

在进行算量前，首先要确保软件所测长度与图纸标识长度一致，因此，设置比例非常重要。双击图纸管理中"一层给水排水管平面图"，进入一层平面中，点击工程设置面板下的"设置比例"，如图1-10所示。根据右下角提示，拉框选择要修改比例的CAD图元，选择一层给水排水管平面图，右键确认。然后选择①轴和②轴距离，弹出"尺寸输入"窗口，将窗口中比例改为CAD图上的标识数字"8100"，比例设置完成，如图1-11所示。依次设置各个平面图比例。

图1-10　设置比例　　　　　　　　　　　图1-11　设置比例尺寸输入

任务三　卫生器具识别及绘制

一、任务说明

完成给排水工程中一层给水排水管平面图卫生器具识别及绘制

二、操作步骤

卫生器具→新建卫生器具→编辑属性→设备提量→卫生器具识别绘制。

三、任务实施

1. 卫生器具

点击选择导航栏中"卫生器具",进入卫生器具编辑界面。

2. 新建卫生器具

本工程中卫生器具包含有感应式洗手盆、感应式蹲便器、感应式小便器、坐便器、蹲便器、洗手盆、淋浴器、洗碗池、残疾人坐便器、残疾人小便斗、地漏等。

在构件列表中,点击"新建",选择新建卫生器具,默认为台式洗脸盆,可重复操作,创建完成所有卫生器具。如图1-12所示。

3. 编辑属性

新建卫生器具后,要根据卫生器具编辑卫生器具属性。新建的卫生器具默认为台式洗脸盆,修改构件属性,名称改为"感应式洗脸盆",材质改为"陶瓷",标高为"层底标高+0.8",其他不需要修改,如图1-13所示。普通洗手盆名称改为"洗脸盆",修改材质、标高、规格等。

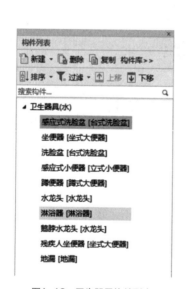

图1-12 卫生器具构件列表

图1-13 构件属性编辑

坐便器属性标高为"层底标高+0.15",小便器标高为"层底标高+0.6",蹲便器标高为"层底标高+0.15",洗碗池、墩布池水龙头标高为"层底标高+1",淋浴器标高为"层底标高+1.15"。

4. 设备提量

卫生间内管道详细布置绘制在大样图中,因此,大样图中的卫生间在大样图识别,点击绘制面板下识别中的"设备提量"，根据右下角提示，在绘图区域选择蹲便器，右击确定，弹出"选择要识别成的构件"窗口，如图1-14所示。此时，在构件列表中选择蹲便器。右边属性编辑中若没有编辑完成，可继续编辑，编辑完成后，选择"识别范围"，只选择大样图区域，点击"确认"，如图1-15所示，蹲便器图元识别完成，其他卫生器具依据此方法依次完成识别。

1-2
卫生器具识别

　　若采用"设备提量"无法进行识别时，可采用"点"进行绘制，在构件列表中选择要进行绘制的构件，再选择"绘制"面板下"绘图"中的"点"，查看要绘制的构件下方属性中的图例，选择正确的图例，在绘图区域绘制图元。

图1-14　选择要识别的构件

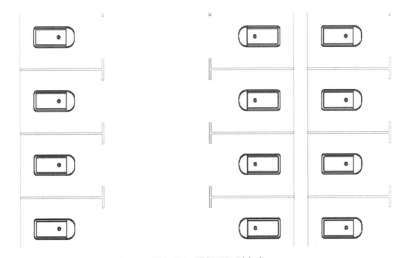

图1-15　蹲便器识别完成

· 卫生器具绘制完成后，可以通过"查找图元"查找到相应图元，进行检查。

· 新建构件时，如果构件类似，可采用"复制"功能，然后修改构件属性，完成新建构件。

· 卫生器具若在材料表中，所给信息较为完整，可采用材料表识别方法进行识别。

任务四 给排水管道识别及绘制

一、任务说明

完成给排水工程中一层给水排水管平面图 J1 给水系统及排水系统 W1 ~ W5、W9 ~ W11 管道识别及绘制。

二、操作步骤

管道→新建管道构件→水平管道绘制→连接卫生器具→立管绘制→入户管道绘制→一层管道绘制。

三、任务实施

给排水中 J1 给水系统连接一层公共卫生间、厨房处的卫生间以及厨房处的洗碗池，管道主干管管材为 PSP 钢塑复合给水管，给水支管采用 PPR 管，排水管管材为 UPVC 管，识图可知，PSP 钢塑复合给水管管径有 $DN65$、$DN50$、$DN40$、$DN32$；PPR 管给水管管径有 $De63$、$De50$、$De40$、$De32$、$De25$、$De20$；排水管道管径有 $De110$、$De75$、$De50$。

1. 管道

点击选择导航栏中"管道"，进入管道编辑界面。

2. 新建管道构件

在构件列表中，点击"新建"，新建管道，软件默认为给水管道 PPR 管，编辑构件列表，名称改为"PPR 管 $De63$"，系统编号改为"J1"，管径规格改为"63"，起点标高、终点标高均改为"层底标高 +0.40"；点击构件列表下的"复制"，修改管道属性，名称改为"PPR 管 $De50$"，管径规格改为"50"，依次复制管道"PPR 管 $De40$"、"PPR 管 $De32$"、"PPR 管 $De25$"、"PPR 管 $De20$"和"PSP 管 $DN65$"、"PSP 管 $DN50$"、"PSP 管 $DN40$"、"PSP 管 $DN32$"，并修改管道材质及管径规格。新建构件完成后，构件列表

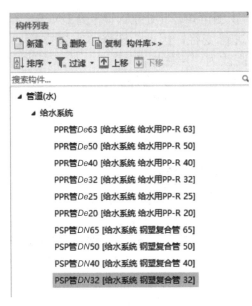

图1-16　构件列表

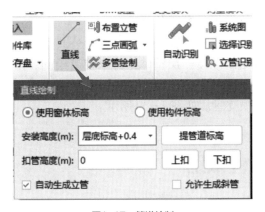

图1-17　管道绘制

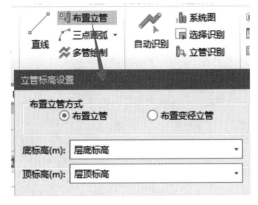

图1-18　立管绘制

如图 1-16 所示。

3. 水平管道绘制

属性编辑完成后，进行管道绘制，在大样图最右上角位置公共卫生间管道上进行绘制，选择构件"PPR 管 De63"，在绘制面板下选择"直线"，弹出"直线绘制"窗口，如图 1-17 所示，不需更改管道安装高度，找到公共卫生间前的立管，从此处开始水管绘制水平管道直到过洗脸盆后立管处，绘制完成后，在"直线绘制"窗口，安装高度改为"层底标高 +1.25"，继续绘制，绘制到连接第一个蹲便器的立管处。绘制完 De63 管道后，选择 De50 管道，安装高度不变，从 De63 末端继续往下绘制，直到最后一个蹲便器连接段，管道改为 De40。以同样方式绘制其他水平管道。

1-3
卫生间管道绘制

4. 连接卫生器具

绘制完成的水平管道，没有与卫生器具连接到一起，因此，还需再绘制管道连接卫生器具。与水平管道绘制方式相同，选择 De40 管道，点击"直线"，从卫生器具开始，连接到水平管道最末端，卫生器具立管会自动生成，识图可知，水平管在立管下端，立管高度降低，然后水平管连接到卫生器具。若自动生成管道时，水平管位置与立管高低相反，可在属性中"起点终点标高"进行调整，最终将卫生器具与水平管道连接起来。然后将卫生器具与水平管道连接的管道，复制到其他蹲便器位置，通过拖拽管道进行管道连接。以同样方式，将卫生器具与管道连接在一起。

5. 立管绘制

公共卫生间中，水平管道都已经绘制完成，继续绘制在 © 轴与③轴处的立管。点击绘制面板下绘图区域中的"布置立管"，弹出"立管标高设置"窗口，如图 1-18 所示。布置立管的方式有两种，即"布置立管"及"布置变径立

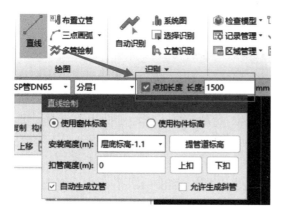

图1-19　入户管道绘制

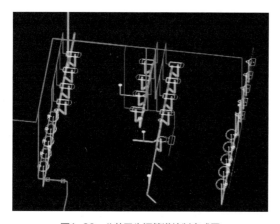

图1-20　公共卫生间管道绘制完成图

管"，识图可知，此处立管管径为 DN65，不需要进行变径，因此，选择"布置立管"，底标高改为"层底标高 +0.3"，顶标高改为"层底标高 +3.9"。构件列表选择"PSP 管 DN65"，然后在立管处放置管道，拖动之前绘制的水平管道，将管道连接在一起，此处立管绘制完成。依次绘制其他各处立管。

6. 入户管道绘制

根据给排水计算规则，室内外界限由外墙 1.5m 为界开始计算，所以入户管道要绘制至外墙向外 1.5m 处。选择"PSP 管 DN65"，点击"直线"，选择工具功能栏最下方的"点加长度"，长度输入"1500"，安装高度为"层底标高 -1.1"，点选绘图区域外墙连接点，入户管道绘制完成。如图 1-19 所示。

7. 一层管道绘制

给水管道绘制完成后，进行公共卫生间排水绘制以及一层整体给排水管道绘制。排水管道绘制时，注意将卫生器具分别连接到排水横支管。如图 1-20 所示。

任务五　给排水阀门法兰及管道附件识别

一、任务说明

完成给排水工程中一层给水排水管平面图阀门法兰及管道附件的识别及绘制。

二、操作步骤

阀门法兰→设备提量→新建阀门构件→阀门法兰识别→管道附件→设备提量→新建管道附件构件→管道附件识别。

三、任务实施

1. 阀门法兰

点击选择导航栏中"阀门法兰"，进入阀门法兰编辑界面。

2. 设备提量

点选绘制面板下"设备提量"，框选 CAD 图纸中阀门图例，右击确认，弹出"选择要识别成的构件"窗口。如图 1-21 所示。

3. 新建阀门构件

在"选择要识别成的构件"窗口，点击"新建"，新建阀门，根据图纸中识别的阀门图例（截止阀、蝶阀、止回阀），修改对应名称为"截止阀""蝶阀""止回阀"，类型改为对应类型，材质改为"铜质"，点击"确认"。阀门被全部识别出来，并且可以看到阀门属性中规格型号也和所在管道管径相一致。阀门构件识别完成，如图 1-22 所示。

1-4　管道阀门

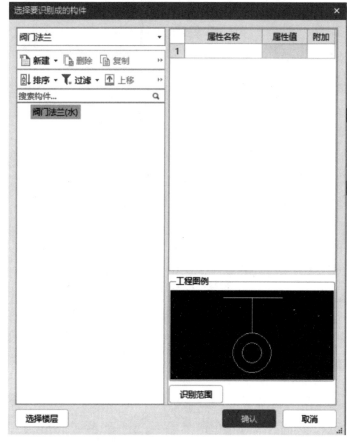

图1-21　识别阀门编辑窗口

图1-22　阀门属性

4. 管道附件

点击选择导航栏中"管道附件"，进入管道附件编辑界面。

5. 设备提量

点击"设备提量"，选择水表图例，右击确认。弹出"选择要识别成的构件"窗口。

6. 新建管道附件构件

在"选择要识别成的构件"窗口，点击"新建"，新建管道附件，修改附件名称为"水表"，类型选择"冷水表"，点击"确认"，水表图元绘制完成。水表的规格型号软件会自动匹配管道尺寸。至此管道附件图元绘制完成。

任务六　零星构件绘制

一、任务说明

完成给排水工程中一层给水排水管平面图零星构件绘制。

二、操作步骤

新建墙→生成套管→零星构件图元绘制完成。

三、任务实施

套管主要使用在管道与墙或楼板相交处，主要起到对管道进行保护以及方便管道维修、管理功能。因此，套管图元的生成必须要先进行墙体绘制。

1. 新建墙

点击导航栏中的"建筑结构"，选择"建筑结构"下的"墙"，进入墙体绘制界面。

单击绘制面板中"自动识别"功能按钮，如图1-23所示。在绘图区移动鼠标至CAD墙线处，点击左键选择墙的两条CAD线，点击右键弹出"选择楼层"的窗口，在此选择需要生成墙图元的楼层，如选择所有楼层，则在所有楼层都会生成墙图元。点击"确定"，生成墙图元，如图1-24所示。

1-5　零星构件

将CAD图调小，框选，选择全部墙体，在属性编辑框中，点击其他属性，在此修改墙的起点底标高与终点底标高为"层底标高-1.5"，这是由于入户管道高度在-1.1m处，为了保证墙与管道相交，所以修改墙的底标高为-1.5m。如图1-25所示。

| Q-1 |
| Q-2 |
| Q-3 |

属性		
	属性名称	属性值
1	名称	Q-1
2	厚度(mm)	200
3	类型	内墙
4	备注	
5	⊟ 其它属性	
6	起点顶标高(m)	层顶标高(5.400)
7	终点顶标高(m)	层顶标高(5.400)
8	起点底标高(m)	层底标高-1.5(-1.5...
9	终点底标高(m)	层底标高-1.5(-1.5...
10	⊞ 显示样式	

图1-23　自动识别

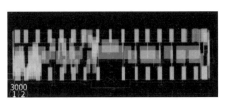

图1-24　墙体识别

图1-25　墙体属性修改

2. 生成套管

墙体绘制完成后，点击导航栏中的"零星构件"，在绘制面板点击"生成套管"，弹出"生成设置"窗口，点击"确定"，如图 1-26 所示。套管图元生成，如图 1-27 所示。

图1-26　生成套管设置

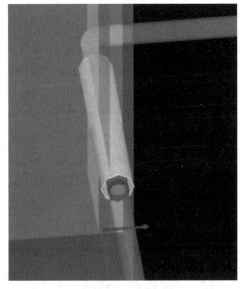

图1-27　套管生成

任务七　汇总计算及报表输出

一、任务说明

完成给排水工程中一层给水排水管平面图工程量汇总计算并编辑输出报表。

二、操作步骤

汇总计算→报表预览→报表导出。

三、任务实施

各模型创建完成后，要汇总计算出整个工程的工程量，并输出报表。

1. 汇总计算

单击选择"工程量"面板，在面板下选择"汇总计算"。弹出"汇总计算"窗口后，选择所要汇总计算的楼层，在此处，选择全选，点击"计算"，等待软件进行工程量汇总计算，如图 1-28 所示。

2. 报表预览

汇总计算完毕后，点击"报表预览"，整个预算的报表就可以进行预览了，如图 1-29 所示。本界面显示两类工程量：一类是构件图元工程量；一类是清单汇总表。构件图元工程量报表按绘图界面的专业类型，显示各专业报表，各个专业输出的报表有工程量汇总表、系统汇总表、工程量明细表三类报表，选择其中一类报表，即可查看管道或设备工程量。

如果希望在系统类型的基础上，按楼层输出各类管道工程量，这时可进行报表设置调整。具体操作如下：点击"报表设置器"，弹出"报表设置器"对话框，通过对"分类条件"下的"属性名称"、"级别"中的"属性级别"，选择移入和移除，进行报表调整。如图 1-30 所示。

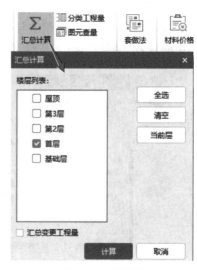

图1-28 汇总计算

1-6 汇总计算

图1-29 报表预览

3. 报表导出

点击"导出数据"，在下拉框中选择"导出到 Excel 文件"，保存，报表导出完成。

图1-30　报表设置器

任务八　集中套做法

一、任务说明

对给排水工程，汇总一层给水排水平面图工程量进行套做法。

二、操作步骤

套做法→属性分类设置→自动套用清单→查询清单。

三、任务实施

套清单做法，首先要确认工程中，是否已经选择"清单库"，点击"工程设置"，在"工程信息"中查看是否已经选择了清单库。选择完成后，再进行套做法。

1. 套做法

汇总计算完成后，选择工程量面板下"套做法"，进入套做法编辑界面，如图1-31所示。

1-7 套做法

2. 属性分类设置

属性分类设置在套做法中非常重要，会影响后续进行计价时的项目特征。选择套做法界面下的"属性分类设置"，进入"属性分类设置"窗口，如图1-32所示。查看各个给排水构件所呈现的属性，根据实际进行调整。调整完属性分类设置后，点击"确定"回到套做法界面，查看各个构件表中属性是否有空项，若有空项则回到该图元中进行添加修改，重新汇总计算，则空项添加完成。

图1-31 套做法

图1-32 属性分类设置

3. 自动套用清单

属性分类设置完成后，单击选择"自动套用清单"，清单项会自动套用，然后进行检查，看看是否有套用错误或者没有套好的清单，如图1-33所示。

4. 查询清单

当自动套用清单，有套用错误或者没有套用的，单击选择"查询清单"，在查询界面中，查询到对应的清单项，双击就可以将清单套用完成。最终完成清单套取。清单项套取完成后，保存，可导出Excel表格。

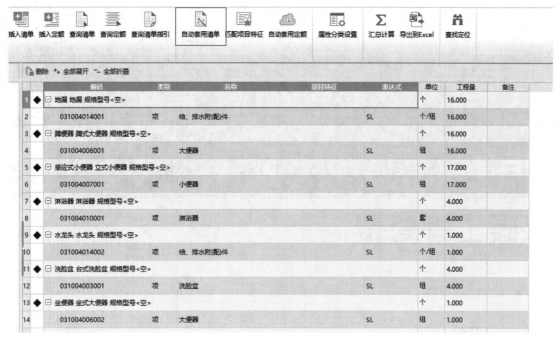

图1-33　自动套用清单

注意

　　清单套取过程中，若有外部清单，可利用"导入外部清单"进行清单套取。

能力训练题

　　1.给排水工程识别计算中，若还没有识别出管道，用"设备提量"识别点式构件，能识别出图元的有哪些？（　　）

　　　　A.洗脸盆　　　　　　B.设备　　　　　　C.阀门法兰　　　　　D.套管

　　2.在给排水工程算量时，建筑结构墙体识别一般在识别（　　）之前。

　　　　A.管道　　　　　　　B.设备　　　　　　C.阀门　　　　　　　D.套管

　　3.以下关于汇总计算，叙述错误的是（　　）。

　　　　A.套做法之前，必须要进行汇总计算

　　　　B.汇总计算不能计算出卫生器具个数，只能计算管道长度

　　　　C.汇总计算在工程量计算完毕后，再进行操作

　　　　D.报表预览之前必须进行汇总计算

　　4.地漏识别，是在（　　）中进行识取。

　　　　A.设备　　　　　　　B.管道　　　　　　C.卫生器具　　　　　D.管道附件

　　5.完成3#建筑物（西配楼）整个给排水工程卫生器具及管道算量。

项目二

采暖工程算量

 知识目标

熟悉采暖工程施工图纸识读方法；
掌握采暖工程软件算量思路及方法；
掌握采暖工程套清单做法、工程量输出的方法。

 技能目标

能够根据图纸信息识别散热器、分集水器；
能根据图纸信息识别绘制采暖管道；
会进行阀门、管道附件、零星构件识别；
会汇总采暖工程工程量并进行套做法。

 素质目标

树立正确的职业道德规范，提高自身职业认知能力和判断能力；
遵循造价规则，坚持和发展正确的价值观；
注重细节，不投机取巧，打造专业的职业精神。

  本项目以 3# 建筑物（西配楼）采暖工程为例进行介绍，西配楼采暖工程采用热水地板辐射供暖系统，局部屋顶水箱间设散热器采暖。通过"广联达 BIM 安装工程计量 GQI2021"软件计算地面辐射供暖系统和散热器采暖系统工程量。

任务一　图纸分析

一、任务说明

识读 3# 建筑物（西配楼）采暖工程图纸，并对工程量计算所需图纸信息进行提取。

二、操作步骤

针对采暖工程的特点，采暖工程算量需要提取的内容包括有：①散热器；②分集水器；③管道；④阀门；⑤管道附件；⑥零星构件等。

识读顺序为：设计说明→材料表及图例→采暖系统图→采暖平面图。识读图纸时，应结合设计说明来识读。

三、任务实施

通过对图纸内容进行识读，提取出图纸内的信息。

1. 工程概况

本工程为车站广场工程建筑物西配楼，地上三层，建筑面积 4008.1m^2，建筑物长 65.7m，宽 18.7m，高 16.2m，第 1 层地面标高 ±0.000m，层高 5.4m；第 2 层地面标高 5.4m，层高 3.9m；第 3 层地面标高 9.3m，层高 3.9m。建筑主要功能：厨房、餐厅、业务用房等。

2. 图纸信息分析

本采暖工程图纸包括设计说明、主要设备表、系统图、一层采暖干管平面图以及一至三层采暖平面图。接下来，通过识读图纸，了解采暖工程算量信息。

（1）本工程冬季供暖采用热水地板辐射供暖系统供热，由地下一层换热站提供 45/35℃ 热水供系统使用。采暖干管为异程式，供回水干管设在一层梁下接至各立管，分集水器在走廊墙或房间内暗装，在每个环路的房间内设置温控阀，采用分环路温度控制，配套使用的温控器就近设置，距地 1.2～1.5m。

（2）屋顶水箱间采用散热器采暖，散热器采用内腔无砂铸铁散热器，散热器型号为 SC（WS）TS106-6-8，承压 0.8MPa。散热器落地安装，每组散热器设手动跑风门一个。

（3）管道管径 $DN \leqslant 50\text{mm}$ 时，采用热镀锌钢管，螺纹连接。$DN > 50\text{mm}$ 时，采用无缝钢管焊接。供暖管道及附件除锈后刷防锈漆两道，不保温管道再刷调和漆两道。非采暖房间内的采暖管道，$DN \leqslant 70\text{mm}$ 时，采用 50mm 厚离心玻璃棉管壳保温，$DN80 \sim DN200$ 时，采用 60mm 厚离心玻璃棉管壳保温。

（4）分集水器后的地热盘管采用耐热聚乙烯 PE-RT 管，使用条件级别是 4，S5 级，管径 $\phi 20 \times 2.0$。

（5）计量间内设一套带热计量表的热力入口装置，做法见《12 系列建筑标准图集》12N1 暖通第 13 页。

（6）了解图纸中图例的名称、型号及规格。如图 2-1 所示。

水系统部分		
图例	名称	型号及规格
←	冷媒管	
— · —	冷凝水管	
—*—	固定支架	
——	采暖供水管	
— — —	采暖回水管	
⋈	平衡阀	SPF45-10($DN \geqslant 40$)
		SPF15-10($DN < 40$)
⋈ ▭	闸阀	Z15W-10T($DN < 50$)
		Z41T-10($DN \geqslant 50$)
⋈	调节阀	T40H-10
⊤	截止阀	J11T-10T($DN < 40$)
⊖	排气阀	ZP88-Ⅰ $DN20$

图2-1 采暖工程图例

采暖工程算量首先应先对图纸设计说明进行识读，了解图纸基本信息，再对采暖系统图、平面图、材料表进行识读。识图完成后，再利用软件新建工程，对项目工程进行算量。

任务二 散热器识别

一、任务说明

完成采暖工程屋顶水箱间散热器的识别。

二、操作步骤

新建工程及工程基本设置→新建散热器→属性修改→设备提量→完成散热器识别。

三、任务实施

新建工程及工程基本设置，根据之前的讲述，建好工程并进行图纸分割定位，楼层分配，基本设置完成后，对采暖工程散热器进行识别。

1. 新建散热器

单击选择导航栏中"供暖器具（暖）（N）"构件类型，新建"铸铁散热器"。根据图纸设计说明修改散热器属性信息，如图2-2所示。

2-1 散热器识别

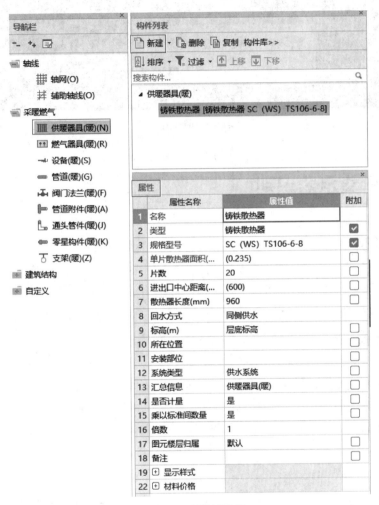

图2-2 新建铸铁散热器

2. 设备提量

点击绘制面板下方的"设备提量"，左键或拉框选择散热器图例和文字，右键确认，进行散热器识别，如图2-3所示。识别出屋顶水箱间所有散热器工程量，如图2-4所示。

图2-3 散热器设备提量

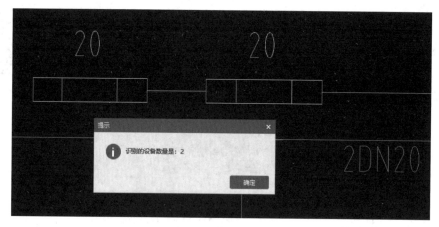

图2-4　散热器识别

任务三　分集水器识别

一、任务说明

完成采暖工程分集水器的识别。

二、操作步骤

新建分集水器→属性修改→设备提量→完成分集水器识别。

三、任务实施

1. 新建分集水器

单击选择导航栏中"设备（暖）（S）"构件类型，根据分集水器回路支数，新建分集水器"JPQ4""JPQ6""JPQ8"。根据图纸设计说明信息修改分集水器属性信息，如图 2-5 所示。

2. 设备提量

点击绘制面板下方的"设备提量"，左键或拉框选择分集水器图例和文字，右键确认，进行分集水器识别，如图 2-6 所示。识别出一层采暖平面图所有分集水器工程量，如图 2-7 所示。

2-2　分集水器识别

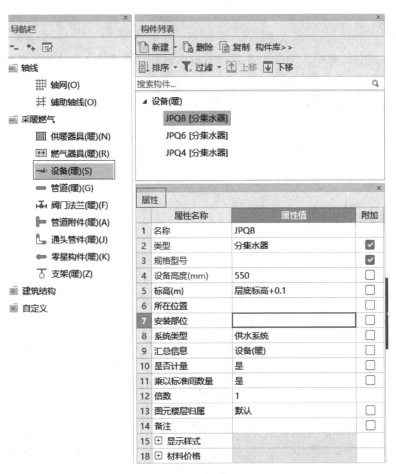

图2-5　新建分集水器

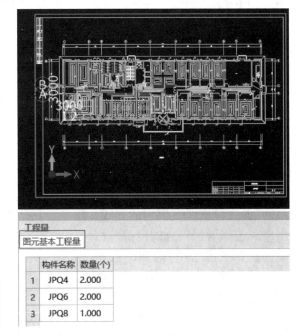

图2-6　分集水器设备提量　　　　　　　　　　图2-7　分集水器识别

注意

·在设备提取过程中，如果设备提取不出来，可以采用"点"功能，在构件列表中，选择正确的构件，直接绘制出来。

·若提取设备时，想要提取整个工程的设备，可以在"选择要识别成的构件"界面中，点击左下角的"选择楼层"，进入到"选择楼层"界面，选择全部楼层，进而提取出整个工程的相应设备。

任务四　管道识别

一、任务说明

完成采暖工程管道的识别。

二、操作步骤

新建管道→属性修改→选择识别→布置立管→散热器、设备连管→地暖盘管→完成管道识别。

三、任务实施

1. 新建管道

单击导航栏中"管道（暖）（G）"构件类型，新建采暖供回水水平管道，根据管道图纸信息修改管道属性信息，如图2-8所示。

2. 选择识别

点击绘制面板下方的"选择识别"，左键选择要识别的管线，出现"选择要识别成的构件"窗口，选择要识别的构件，点击"确认"，进行水平管道识别，如图2-9、图2-10所示。识别出首层供回水系统水平管道，如图2-11所示。

图2-8　管道新建

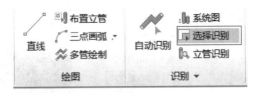

图2-9　管道选择识别

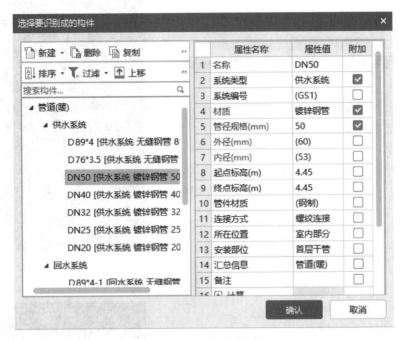

图2-10　选择要识别成的构件

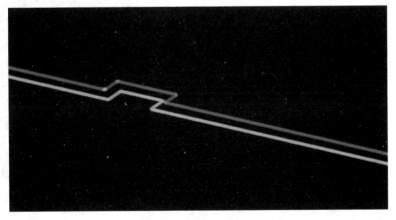

图2-11　水平管道识别

3. 布置立管

　　点击绘制面板下方的"布置立管"，如图 2-12 所示。出现"变径立管标高设置"窗口，立管管径相同时，选择"布置立管"方式，立管发生变径时，选择"布置变径立管"方式，结合本工程实际情况，这里选择"布置变径立管"方式，以"L5"为例，输入相应管径的底标高和顶标高，

2-3　管道绘制

如图 2-13 所示。点击鼠标左键指定插入点，进行立管手工布置，如图 2-14 所示。

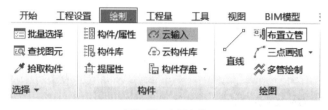

图2-12 布置立管

图2-13 变径立管标高设置

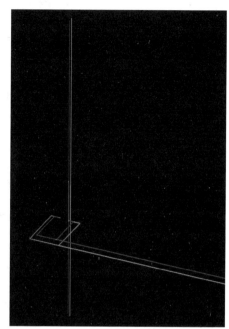

图2-14 立管绘制

4. 散热器连管、设备连管

点击绘制面板下方的"散热器连管""设备连管"，如图 2-15 所示。左键选择需要连接的散热器或设备，右键确认，左键选择需要连接的管，右键确认，如图 2-16 所示。

图2-15 散热器连管、设备连管

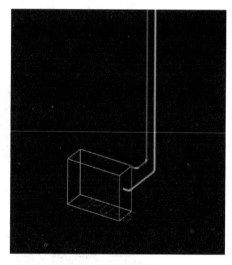

图2-16 设备连管

5. 地暖盘管

依据《通用安装工程工程量计算规范》（GB 50586—2013），地板辐射采暖有两种计量方法。第一种方法是以"m²"计量，按设计图示采暖房间净面积计算，这种情况可以借助CAD功能框选采暖房间净面积进行工程量的计算，如图 2-17 所示。第二种是以"m"计量，按设计图纸管道长度计算，这种情况可直接根据采暖平面图中地暖盘管标注长度进行计算，如图 2-18 所示。

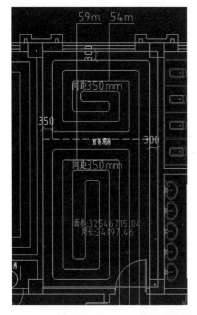

图2-17　地暖盘管按房间净面积计算

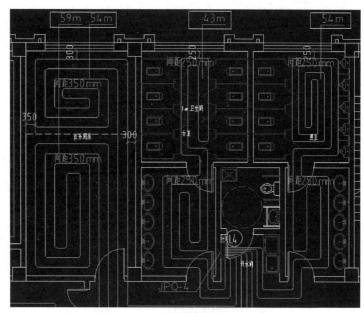

图2-18　地暖盘管按长度计算

注意

　　水平管道识别除了"选择识别"方式以外，还可以通过"自动识别"方式进行识别。水平管道在选择识别过程中，如果管道识别不出来，也可以采用"直线"功能，在构件列表中，选择正确的构件，直接绘制出来。

任务五　阀门识别

一、任务说明

　　完成采暖工程阀门的识别。

二、操作步骤

　　新建阀门→属性修改→设备提量→完成阀门识别。

三、任务实施

1. 新建阀门

根据图纸设计说明信息，本工程主要有平衡阀、闸阀、调节阀、截止阀、排气阀等几种阀门类型。单击导航栏中"阀门法兰（暖）（F）"构件类型，新建阀门，根据图纸信息修改阀门属性信息，如图2-19所示。

2. 设备提量

点击绘制面板下方的"设备提量"，左键选择图例和文字，右键确认，出现"选择要识别成的构件"窗口，选择要识别的构件，点击"确认"，进行阀门识别，如图2-20、图2-21所示。点击绘制面板下方的"自适应属性"，左键点选或拉框选择需要操作的图元，右键确认，弹出"自适应属性"窗口，修改名称，完成阀门规格的匹配，如图2-22所示。

图2-19　阀门新建

图2-20　选择要识别成的构件

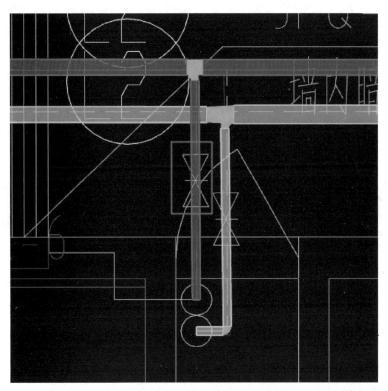

图2-21　阀门识别

图2-22　构件属性自适应

注意

　　当平面图中画有阀门图例时，可选择"设备提量"，进行阀门识别。当平面图中没有画阀门图例时，可以采用"点"功能，在构件列表中，选择正确的构件，直接绘制出来。或者采用工程量面板下方的"表格输入"，进行手工输入，如图2-23、图2-24所示。

图2-23 表格输入

名称	类型	材质	规格型号	系统类型	提取量表达式(单位:片/组/套/台/个/m)	手工量表达式(单位:片/组/套/台/个/m)
1 闸阀	闸阀		DN40	供水系统		1

图2-24 阀门表格输入

任务六   管道附件识别

一、任务说明

完成采暖工程管道附件的识别。

二、操作步骤

新建热力入口装置→属性修改→设备提量→完成热力入口装置识别。

三、任务实施

1. 新建热力入口装置

单击导航栏中"管道附件（暖）（A）"构件类型,新建热力入口装置,根据图纸信息修改属性信息,如图 2-25 所示。

2. 设备提量

点击绘制面板下方的"设备提

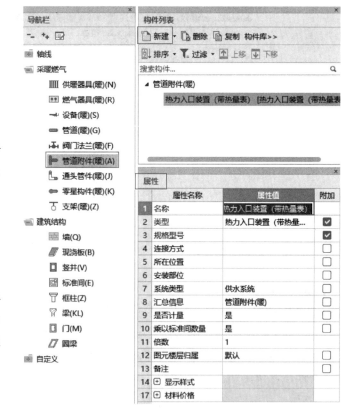

图2-25 热力入口装置新建

量"，左键选择图例和文字，右键确认，出现"选择要识别成的构件"窗口，选择要识别的构件"管道附件（暖）"下"热力入口装置（带热量表）……"，点击"确认"，进行热力入口装置识别，如图 2-26、图 2-27 所示。

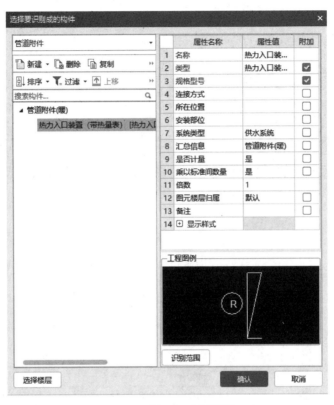

图2-26　选择要识别成的构件

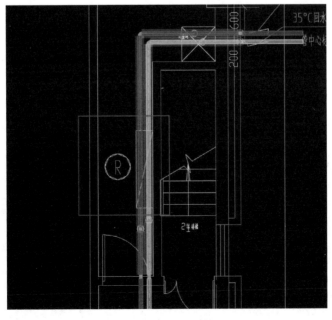

图2-27　热力入口装置识别

任务七 零星构件识别

一、任务说明

完成采暖工程零星构件的识别。

二、操作步骤

新建墙/现浇板→自动识别墙体→绘制现浇板→生成套管→完成套管识别。

三、任务实施

根据图纸设计说明信息，本工程管道附件及零星构件有一般填料套管和刚性防水套管。

1. 新建墙

单击导航栏中"建筑结构"下方的"墙（Q）"构件类型，新建墙，根据图纸信息修改墙属性信息，如图 2-28 所示。

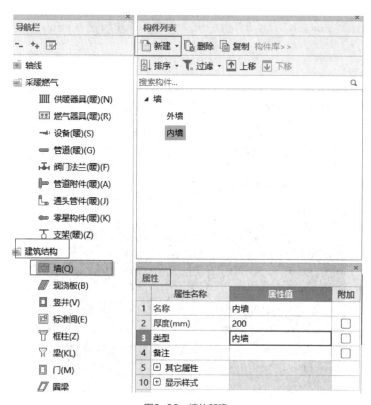

图2-28 墙体新建

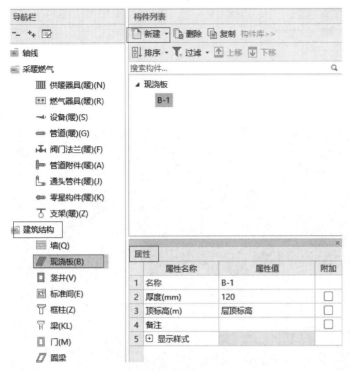

图2-29　现浇板新建

2. 新建现浇板

单击导航栏中"建筑结构"下方的"现浇板（B）"构件类型，新建现浇板，根据图纸信息修改现浇板属性信息，如图2-29所示。

3. 自动识别墙体

在"墙"构件类型下，点击绘制面板下方的"自动识别"功能，左键选择墙边线识别墙图元，进行墙体识别，如图2-30、图2-31所示。在识别墙体时要注意区分内外墙，外墙上生成的是刚性防水套管，内墙上生成的是一般填料套管。

图2-30　自动识别

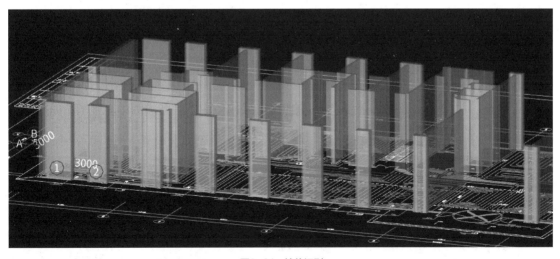

图2-31　墙体识别

4. 绘制现浇板

在"现浇板"构件类型下，点击绘制面板下方的"矩形"功能，绘制现浇板图元，进行现浇板手工绘制，如图2-32、图2-33所示。

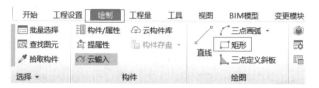

图2-32　矩形绘制

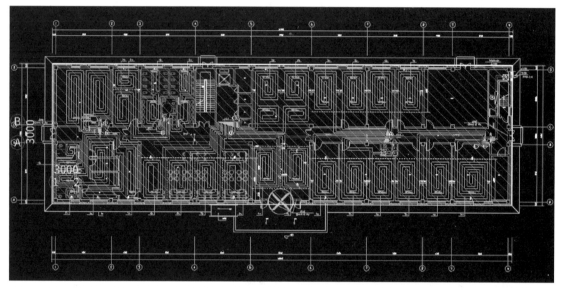

图2-33　现浇板绘制

5. 生成套管

单击导航栏中"零星构件（暖）（K）"，点击绘制面板下的"生成套管"，如图2-34所示。出现"生成设置"窗口，点击"确定"，完成套管的生成，如图2-35、图2-36所示。

图2-34　生成套管

图2-35　生成设置

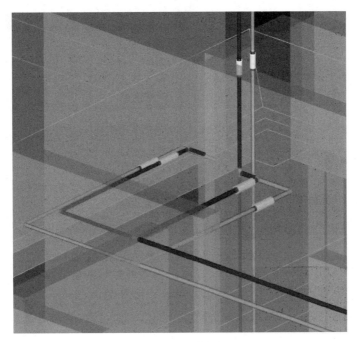

图2-36 套管生成

任务八 汇总计算及套做法

一、任务说明

完成采暖工程工程量汇总计算并完成套做法。

二、操作步骤

汇总计算→套做法→属性分类设置→自动套用清单→查询清单。

三、任务实施

各模型创建完成后，要汇总计算出整个工程的工程量，并进行套做法。

1. 汇总计算

单击选择"工程量"面板，在面板下选择"汇总计算"，如图2-37所示。弹出"汇总计算"窗口后，选择所要汇总计算的楼层，在此处，选择全选，点击"计算"，等待软件进行工程量汇总计算，如图2-38所示。汇总计算完成后，可以输出报表，和前边章节操作一样。

图2-38 汇总计算楼层图

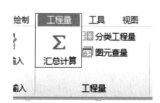

图2-37 汇总计算

2. 套做法

汇总计算完成后，选择工程量面板下"套做法"，进入套做法编辑界面，如图 2-39 所示。

3. 属性分类设置

属性分类设置在套做法中非常重要，会影响后续进行计价时的项目特征。选择套做法界面下的"属性分类设置"，弹出"属性分类设置"窗口，如图 2-40 所示。查看各个采暖构件所呈现的属性，根据实际进行调整。调整完属性分类设置后，点击"确定"回到套做法界面，查看各个构件表中属性是否有空项，若有空项则回到该图元中进行添加修改，重新汇总计算，则空项添加完成。

图2-39 套做法

图2-40 属性分类设置

4. 自动套用清单

属性分类设置完成后，单击选择"自动套用清单"，清单项会自动套用，然后进行检查，看看是否有套用错误或者没有套好的清单，如图 2-41 所示。

	编码	类别	名称	项目特征	表达式	单位	工程量	备注
1	◆ ⊟ 铸铁散热器 铸铁散热器 SC（WS）TS106-6-8					片	40.000	
2	031005003001	项	其他成品散热器	1. 材质、类型：铸铁散热器 2. 型号、规格：SC（WS）TS106-6-8	SL+CGSL	组/片	40.000	
3	◆ ⊟ JPQ4 分集水器 规格型号<空>					个	2.000	
4	031005007001	项	热媒集配装置	1. 名称：分集水器 2. 回路：四回路	SL	台	2.000	
5	◆ ⊟ JPQ5 分集水器 规格型号<空>					个	5.000	
6	031005007002	项	热媒集配装置	1. 名称：分集水器 2. 回路：五回路	SL	台	5.000	
7	◆ ⊟ JPQ6 分集水器 规格型号<空>					个	6.000	
8	031005007003	项	热媒集配装置	1. 名称：分集水器 2. 回路：六回路	SL	台	6.000	
9	◆ ⊟ JPQ7 分集水器 规格型号<空>					个	1.000	
10	031005007004	项	热媒集配装置	1. 名称：分集水器 2. 回路：七回路	SL	台	1.000	
11	◆ ⊟ JPQ8 分集水器 规格型号<空>					个	2.000	
12	031005007005	项	热媒集配装置	1. 名称：分集水器 2. 回路：八回路	SL	台	2.000	
13	◆ ⊟ 镀锌钢管 20 螺纹连接 安装部位<空>					m	19.522	
14	031001001001	项	镀锌钢管	1. 规格、压力等级：20 2. 连接形式：螺纹连接	CD+CGCD	m	19.522	

图2-41　自动套用清单

左侧目录树：
- 采暖燃气
  - ☑ 供暖器具(暖)
  - ☑ 设备(暖)
  - ☑ 管道(暖)
  - ☑ 阀门法兰(暖)
  - ☑ 管道附件(暖)
  - ☑ 通头管件(暖)
  - ☑ 零星构件(暖)

5. 查询清单

当自动套用清单，有套用错误或者没有套用的，单击选择"查询清单"，在查询界面中，查询到对应的清单项，双击就可以将清单套用完成，最终完成清单套取。清单项套取完成后，保存，可导出 Excel 表格。

 注意

清单套取过程中，若有外部清单，可利用"导入外部清单"进行清单套取。

 能力训练题

1. 快速完成散热器识别的方法是（　　　）。
　　A. 设备提量　　　　　B. 选择识别　　　　　C. 自动识别　　　　　D. "点"绘制
2. 快速完成支管与分集水器之间连管识别的方法是（　　　）。
　　A. 设备提量　　　　　B. 设备连管　　　　　C. 散热器连管　　　　　D. "直线"绘制
3. 当采暖平面图管道上没有画出阀门图例时，可以采用（　　　）方法进行手工输入。
　　A. 设备提量　　　　　B. 选择识别　　　　　C. 自动识别　　　　　D. 表格输入
4. 当立管有变径时，一般采用（　　　）方法进行立管的布置。
5. 完成 3# 建筑物（西配楼）整个采暖工程散热器、分集水器、管道、阀门、管道附件、零星构件的识别与模型绘制。

项目三

消防工程算量

 知识目标

熟悉消防工程施工图纸识读方法；
掌握消防工程软件算量思路及方法；
掌握消防工程套清单做法、工程量输出的方法。

 技能目标

能够根据图纸准确绘制消防管道；
能够根据图纸识别消火栓、喷头；
能够对工程量进行汇总计算及套做法。

 素质目标

培养"严谨、细致、精益求精"的工匠精神；
培养树立崇尚科学精神，坚定求真、求实的科学态度，形成科学的人生观、世界观；
在以实际操作过程为主的项目教学中，锻炼团队合作能力、专业技术交流的表达能力。

　　本项目以 3# 建筑物（西配楼）消防工程为例进行介绍，西配楼消防工程包含有消火栓系统和自动喷淋系统。消火栓和自动喷淋系统水源均来自于地下水泵房。通过"广联达 BIM 安装工程计量 GQI2021"软件计算消火栓系统和自动喷淋系统工程量。

任务一　图纸分析

一、任务说明

识读 3# 建筑物（西配楼）消防工程图纸，并对工程量计算所需图纸信息进行提取。

二、操作步骤

消防工程算量进行图纸识读时，需提取的内容有：①消火栓；②喷头；③消火栓管道；④喷淋管道；⑤阀门；⑥管道附件等。

识读顺序为：设计说明→材料表及图例→系统图→平面图。识读图纸时，应将设计说明、系统图与平面图相互结合来识读。

三、任务实施

1. 工程概况

本工程为车站广场工程建筑物西配楼，地上三层，建筑面积 4008.1m²，建筑物长 65.7m，宽 18.7m，高 16.2m；第 1 层地面标高 ±0.000m，层高 5.4m；第 2 层地面标高 5.4m，层高 3.9m；第 3 层地面标高 9.3m，层高 3.9m。建筑主要功能：厨房、餐厅、业务用房等。

2. 图纸信息分析

本工程消防系统主要分为消火栓系统及自动喷淋灭火系统，消火栓系统水来自地下水泵房，两根引入管；喷淋系统水也来自地下水泵房。

室内消火栓给水管网成环状布置，消火栓为 DN65 单栓。每个消火栓处设消防按钮并设置保护设施，屋顶水箱间设试验消火栓。消火栓栓口距地面高度均为 1.1m。消防室内架空管道的阀门采用蝶阀，入户管处设有止回阀。

喷淋系统报警阀集中在地下水泵内，本图中不显示。喷头，有吊顶处设吊顶式喷头，办公室设边墙型标准喷头，其余为直立型喷头。

灭火器采用手提式干粉灭火器。

消防系统管道：消火栓给水管为热浸镀锌钢管，沟槽连接；自动喷水灭火系统采用内外壁热浸镀锌钢管，DN ≤ 50mm 时，螺纹连接；DN > 50mm 时，沟槽连接。金属管道穿楼板、墙壁时，预埋钢套管。

本建筑物危险等级为轻危险等级，喷水强度为 4L/（min·m²），作用面积为 160m²，最不利点喷头水压为 0.05MPa，喷头选型 K=80。自喷灭火系统用水量为 30L/s，火灾延续时间 1h。

喷头与管道连接关系如图 3-1 所示，主要材料表如图 3-2 所示。

配水管控制的标准喷头数

管径	喷头个数/个
DN25	1
DN32	2
DN40	3
DN50	4～5
DN65	6～10
DN80	11～24
DN100	25～64
DN150	＞64

注：1.水流指示器前阀门为信号蝶阀。
2.水流指示器后喷洒管以平面图为准。
3.喷洒管水平管设 $i = 0.002$ 的坡度坡向末端泄水阀，管道局部上翻处应加设泄水阀。
4.喷洒主干管标高沿梁底敷设。
5.梁间布置的喷头，其溅水盘与顶板的距离不应大于550mm，若喷头溅水盘与顶板的距离达到550mm，仍不能符合《自动喷水灭火系统设计规范》第7.2.1条规定时，应在梁底面的下方增设喷头。

图3-1　喷头与管道连接关系

消火栓系统	蝶阀	D71X-16	DN＞50mm
	止回阀	H44T-16	
	手提式磷酸铵盐干粉灭火器	MF/ABC5	
	闸阀	Z41T-16	
	快速排气阀	ARSX-0025 DN25	
自动喷水灭火系统	蝶阀	D71X-16	DN＞50mm
	截止阀	J11W-16T	内螺纹铜截止阀 DN≤50mm
	止回阀	H44T-16	
	快速排气阀	ARSX-0025 DN25	
	信号蝶阀	ZSFD-16Z	工作压力1.60MPa
	水流指示器	ZSJZ	工作压力1.60MPa
	吊顶型玻璃球闭式喷头	ZSTD15/68(K = 80)	
	直立型玻璃球闭式喷头	ZSTZ15/68(K = 80)	
	边墙型玻璃球闭式喷头	ZSTB15/68(K = 80)	
	末端试水装置	YTN-100压力表	用于自喷系统 p = 0-1.6MPa
		试水接头 K = 80	用于自喷系统
		J11W-16T DN25	截止阀
	末端试水阀	J11W-16T DN25	截止阀

图3-2　主要材料表

任务二　消火栓识别及绘制

一、任务说明

完成消防工程中消防系统消火栓及灭火器的识别及绘制。

二、操作步骤

消火栓→消火栓识别→消火栓图元识别→设备提量→灭火器图元识别。

三、任务实施

1. 消火栓

点击选择导航栏中"消火栓"，进入消火栓编辑界面。

2. 消火栓识别

软件中消火栓设备识别提量方式有三种，即"一键提量"、"设备提量"以及"消火栓"。"一键提量"是对全楼层的点式设备都可以直接提量；"设备提量"是将选取的设备图例提取出来；"消火栓"则是在识别消火栓的同时，可根据连接方式等参数，自动生成与消火栓连接的支管。

这里采用"消火栓"进行消火栓设备识别。点击绘制面板下，识别中的"消火栓"，根据右下角提示，在绘图区域鼠标转为十字标时，选择要识别为消火栓的 CAD 图元，框选消火栓后，右键确认。弹出"识别消火栓"窗口，如图 3-3 所示。

3-1　消火栓识别

在"识别消火栓"窗口，先点击"要识别成的消火栓"后的三点省略号，弹出"选择要识别成的构件"窗口，构件已经新建，修改构件属性，名称改为"室内消火栓"，消火栓高度改为"1100"，确定栓口标高为"层底标高 +1.1"，修改完成后，点击"确认"，完成"选择要识别成的构件"，再点击"识别消火栓"窗口中的"确定"，消火栓图元识别完成。消火栓识别完成同时，与其连接的支管也绘制完成，如图 3-4 所示。

3. 设备提量

在消火栓系统中，除了消火栓还需对灭火器进行设备提量。灭火器识别采用"设备提量"方式。点击"设备提量"，根据右下角提示，鼠标呈回字形时左键点选或者鼠标成十字时，框选灭火器图示，选择后，点击"确认"，弹出"选择要识别成的构件"窗口，点击"新建"，新建消火栓，属性名称改为"灭火器"，类型改为"手提式灭火器"，如图 3-5 所示，

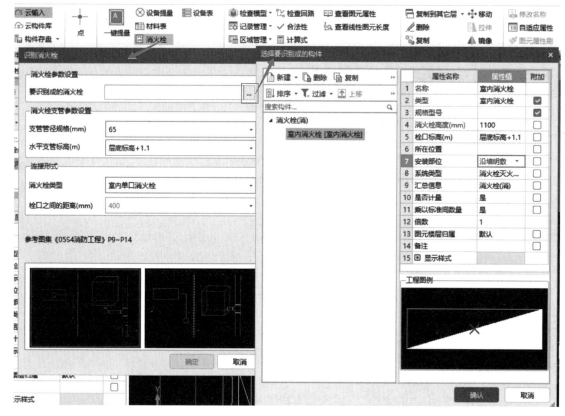

图3-3 消火栓识别

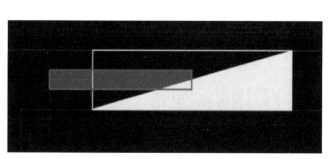

图3-4 消火栓图元识别完成

图3-5 手提式灭火器属性编辑

规格型号依据图纸改为"MF/ABC5"，消火栓高度改为"0"，点击"确认"，完成灭火器图元识别，如图 3-6 所示。

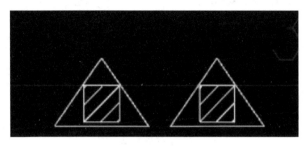

图3-6　灭火器图元识别

注意

· 消火栓及灭火器图元识别完成后，要对整体图元进行检查，看有没有漏项，可以利用"检查模型"中的"漏项检查"进行检查，在漏项检查中只选择消火栓，点击"检查"，就可以通过检查结果检查消火栓构件是否全部识别，如图 3-7 所示。

· 若图纸材料表或者设备表中所给图例或者设备信息完整，也可以通过"材料表"或"设备表"进行识别。

· 若有未能识别的设备，也可通过选择构件，利用"点"进行图元绘制。

图3-7　漏项检查

任务三　消火栓管道绘制

一、任务说明

完成消防工程中消火栓管道绘制。

二、操作步骤

管道→新建管道构件→管道绘制→消火栓管道绘制完成。

三、任务实施

识图分析得出，消火栓管道全部为热浸镀锌钢管，沟槽连接，管道管径有 *DN*65 及 *DN*100 两种规格，连接至消火栓处管道管径均为 *DN*65，其余为 *DN*100。

1. 管道

点击选择导航栏中"管道"，进入管道编辑界面。

2. 新建管道构件

在构件列表中，利用"消火栓"识别出来的消火栓连接管道已经识别完成，点击自动生成的管道，查看属性，名称改为"镀锌钢管 *DN*65"，下方连接方式改为"沟槽连接"，如图 3-8 所示。

*DN*65 管径修改完成后，点击构件列表中"复制"，复制出一个新构件，修改属性。名称改为"镀锌钢管 *DN*100"，管径规格改为"100"，其余属性不需要进行更改，如图 3-9 所示。消火栓管道构件新建完成。

3-2
消火栓管道识别

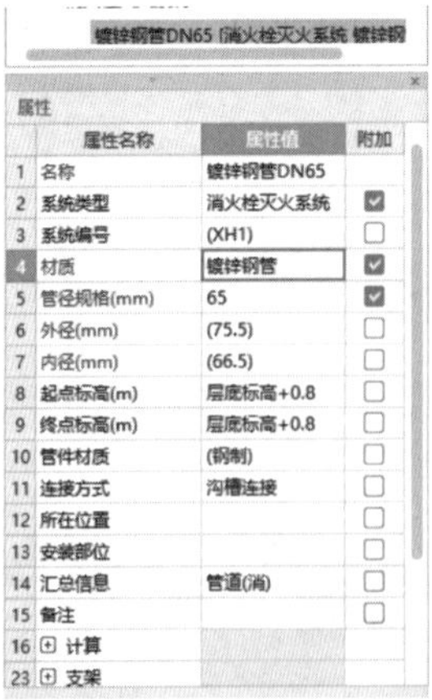

图3-8　镀锌钢管*DN*65属性修改 　　　图3-9　镀锌钢管*DN*100构件属性修改

3. 管道绘制

消火栓管道绘制类似于给排水管道绘制，在首层中，选中管道构件列表中的"镀锌钢管 DN100"，选择"直线"，安装高度改为"层底标高 –1.1"，从图上"XH–1"外墙处开始绘制，到立管位置，安装高度改为"层底标高 +4.15"，开始本层绘制，一层的水平管道，管径为 DN100，除了管道出外墙处的高度，其余与 XH–1 和 XH–2 连接的水平管道均为"层底标高 +4.15"。

消火栓 XH–3 管道由室外 –1.1m 进室内后，管道高度变为 –0.4m，管道绘制方式与上述相同。

消火栓入户管道同样为出外墙 1.5m 距离，同样选中"直线"后的"点加长度 1500"绘制完成管道。绘制中可借助于"空格键"（重复上一个命令）进行 XH–1、XH–2 和 XH–3 入户管绘制。

立管在图中分别为 XHL–1、XHL–2、XHL–3、XHL–4 和 XL–5，高度在一层为 4.15 ~ 12.20m，利用"布置立管"进行绘制。

绘制完成 DN100 管道后，绘制 DN65 管道并连接好，并依次绘制完整个楼层消火栓管道。如图 3–10 所示。

管道绘制完成后，选择"检查回路"，可对管道回路进行检查。

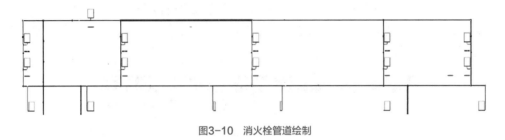

图3-10　消火栓管道绘制

任务四　喷头识别及绘制

一、任务说明

完成消防工程中喷头识别及绘制。

二、操作步骤

喷头→设备提量→喷头图元识别。

三、任务实施

喷头根据图纸信息，喷头基本上都为有吊顶型喷头，型号为 ZSTD15/68（K=80），二楼、三楼办公室的喷头为边墙型喷头，型号为 ZSTB15/68（$K=80$）。有吊顶型喷头安装高度与吊顶位置相平，结合建筑图纸来看：一层中，门厅吊顶高度为 3600mm，其余房间吊顶高度为 3000mm；二层办公室吊顶高度为 2600mm，厕所吊顶高度为 2400mm；三层业务用房及办公室吊顶高度为 2600mm，厕所吊顶高度为 2400mm。喷头设置和吊顶位置相关，其安装高度就等于吊顶高度。

1. 喷头

点击选择导航栏中的"喷头"，进入喷头编辑界面。

2. 设备提量

点选绘制面板下"设备提量"，框选 CAD 图纸中喷头图例，右击确认，弹出"选择要识别成的构件"窗口，如图 3-11 所示，根据图纸内容修改喷头属性，名称改为"F1 吊顶喷头"，类型改为"有吊顶喷头"，规格型号改为"ZSTD15/68（$K=80$）"，标高改为"层底标高 +3"。确认识别完一层全部喷头后，再复制 FI 吊顶喷头，名称改为"门厅吊顶喷头"，标高改为"层底标高 +3.6"，将门厅处绘制完的喷头改为此种类型的喷头。一层喷头绘制完成。

3-3　喷头识别

二层、三层创建"F2、F3 吊顶喷头"、"厕所吊顶喷头"以及"办公室边墙喷头"，分别修改标高为"层底标高 +2.6"、"层底标高 +2.4"以及"层地标高 +2.1"，"办公室边墙喷头"，其喷头类型改为"侧喷头"。按照设备提量方式，继续绘制二层、三层喷头。如图 3-12 所示。

图3-11　喷头构件属性编辑

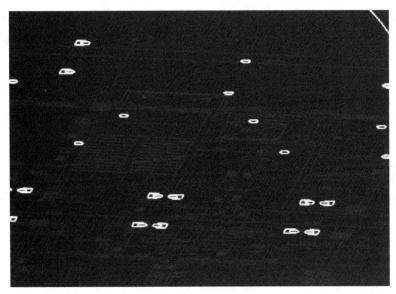

图3-12　喷头构件图元绘制

任务五　喷淋管道识别

一、任务说明

完成消防工程中喷淋管道识别。

二、操作步骤

管道→新建构件→标识识别→喷淋管道识别。

三、任务实施

喷淋管道为热浸镀锌钢管，管径有 $DN25$、$DN32$、$DN40$、$DN50$、$DN65$、$DN80$、$DN100$ 和 $DN150$。$DN \leqslant 50mm$ 时，螺纹连接；$DN > 50mm$ 时，沟槽连接。

1. 管道

点击选择导航栏中"管道"，进入管道编辑界面。

2. 新建构件

在"构件列表"中，新建管道构件，名称为"镀锌钢管 $DN25$"，根据图纸信息，修改构件属性，系统类型选择"喷淋灭火系统"，系统编号选择"ZP1"，管径规格改为"25"，连接方式改为"螺纹连接"，起点标高和终点标高改为"层底标高 +4.3"。

创建完成"镀锌钢管 $DN25$"构件后，点击"构件列表"中"复制"，修改名称为"镀锌钢管 $DN32$"，管径规格改为"32"；同样方式复制完成构件"镀锌钢管 $DN40$"、"镀锌钢管 $DN50$"，分别修改管径规格为"40""50"；再次复制完成的构件名称改为"喷淋镀锌钢管 $DN65$"，管径改为"65"，连接方式改为"沟槽连接"；"喷淋镀锌钢管 $DN80$"、"喷淋镀锌钢管 $DN100$"、"喷淋镀锌钢管 $DN150$"，全部复制构件"喷淋镀锌钢管 $DN65$"，只需将管径改为名称中对应管径即可。新建喷淋灭火管道构件完成。

3. 标识识别

喷淋管道识别的方式有很多种。除了"直线"方式，喷淋管道识别还可以使用"喷淋提量""标识识别""选择识别""按喷头个数识别"以及"按系统编号识别"。

3-4
喷淋管道识别

识别中，"喷淋提量"可以一键完成对喷淋管道的识别，且该功能可以同时识别喷头及喷淋管道；"标识识别"可以识别出所有与所选管径标识格式相同的图元；"选择识别"是按照所选的 CAD 线进行图元识别；"按喷头个数识别"是按照喷头数量自动生成管线；"按系统编号识别"是按系统编号自动生成管线。

本工程中，利用"标识识别"进行喷淋管道识别。点击"标识识别"，选择一条代表管线的 CAD 线和标识，选择管径"DN25"的 CAD 线和标识，右击确认。弹出"标识识别"窗口，材质为"镀锌钢管"，标高根据图纸信息，改为"层底标高 +4.13"，如图 3-13 所示。修改完成后，点击"确定"。提示识别完成后，查看识别出来的喷淋管道模型如图 3-14 所示。

图3-13 标识识别窗口

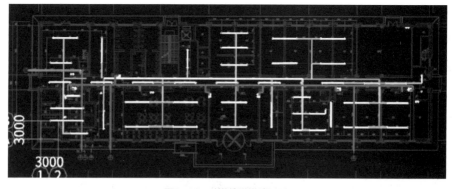

图3-14 喷淋管道模型识别

　　识别完成的喷淋管道模型还需进行检查，看是否有漏量，或者识别错误的管道。这时可以选择"直线"或者"选择识别"进行补画或者修改。喷淋管道整体模型创建完成，如图3-15所示。

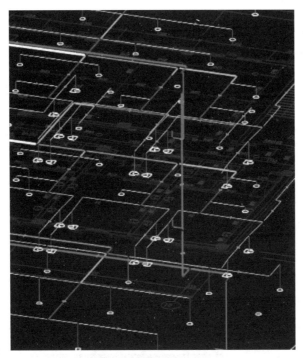

图3-15　喷淋管道整体模型创建

任务六　消防阀门法兰与管道附件识别及绘制

一、任务说明

　　完成消防工程中阀门法兰与管道附件的识别及绘制。

二、操作步骤

　　阀门法兰→设备提量→表格输入→管道附件→设备提量→新建管道附件构件→管道附件识别。

三、任务实施

　　消防工程中，消火栓系统管径变化较少，因此，消火栓管道以蝶阀为主，在引入管位置有止回阀，喷淋系统阀门主要集中在每层平面喷淋管道起始位置，主要为信号蝶阀。管道附件主要为水流指示器。

1. 阀门法兰

点击选择导航栏中"阀门法兰"，进入阀门法兰编辑界面。

2. 设备提量

点选绘制面板下"设备提量"，框选 CAD 图纸中蝶阀图例，右击确认，弹出"选择要识别成的构件"窗口，如图 3-16 所示。新建阀门构件，修改名称为"蝶阀"，连接方式改为"法兰连接"。点击左下角"选择楼层"，将一层、二层、三层全选，点击"确定"，再点击"确认"，蝶阀提量完成。阀门会根据管道自动识别规格型号。自动新建完成的构件名称改为对应的"蝶阀 $DN65$"和"蝶阀 $DN100$"，如图 3-17 所示。同样方式，创建"信号蝶阀 $DN150$"。

3-5
阀门法兰识别

3. 表格输入

通过系统图，可以看到消火栓入户管位置存在止回阀，在平面图上没有显示，采用"表格输入"的方式，将阀门添加进来。

点击工具栏中"工程量"，下方左键点选"表格输入"，如图 3-18 所示。绘图区下方会出现"表格输入"窗口。在"表格输入"中点击"添加"，选择"阀门法兰"，将止回阀添加到算量中，如图 3-19 所示。其他未计算的阀门的工程量都可以通过这种方式进行添加。

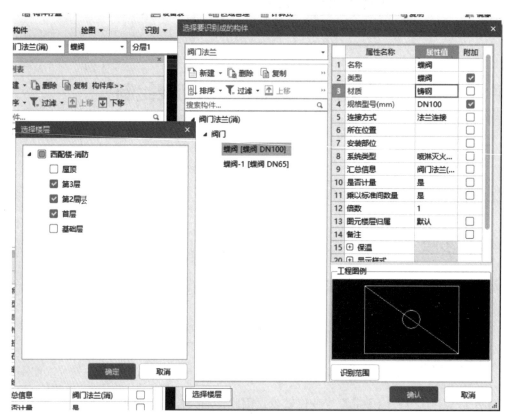

图3-16　阀门识别

图3-17 蝶阀构件名称 图3-18 表格输入

楼层	名称	类型	材质	规格型号	系统类型	提取量表达式(单位：套/台/个/m)	手工量表达式(单位：套/台/个/m)	倍数	工程量 数量 [SL]	核对
1 首层	止回阀	止回阀	不锈钢	DN100	消火栓灭火...		2	1	2.000	☐

图3-19 添加止回阀工程量

4. 管道附件

点击选择导航栏中"管道附件"，进入管道附件编辑界面。

5. 设备提量

点击"设备提量"，选择水流指示器图例，右击确认，弹出"选择要识别成的构件"窗口。在"选择要识别成的构件"窗口，点击"新建"，新建管道附件，修改附件名称为"水流指示器"，类型选择"水流指示器"，点击"确认"，水流指示器图元识别完成。规格型号自动匹配管道尺寸。管道附件图元识别完成。识别完成的管道附件如图 3-20 所示。

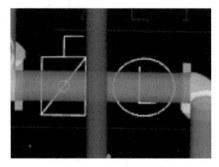

图3-20 管道附件图元

管道阀门及附件识别完成后，同样需进行套管工程量计算，计算方法同给排水工程。

任务七 汇总计算及套做法

一、任务说明

完成消防工程工程量汇总计算并完成套做法。

二、操作步骤

汇总计算→套做法→属性分类设置→自动套用清单→查询清单。

三、任务实施

各模型创建完成后，要汇总计算出整个工程的工程量，并进行套做法。

1. 汇总计算

单击选择"工程量"面板，在面板下选择"汇总计算"，如图3-21所示。弹出"汇总计算"窗口后，选择所要汇总计算的楼层，在此处，选择全选，点击"计算"，等待软件进行工程量汇总计算，如图3-22所示。汇总计算完成后，可以输出报表，和前面的项目任务操作一样。

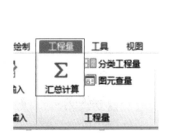

图3-21   汇总计算   图3-22   汇总计算楼层

2. 套做法

汇总计算完成后，选择工程量面板下"套做法"，进入套做法编辑界面，如图3-23所示。在左侧栏中，将通头管件取消，根据计算规则，通头管件在管道算量中已经包含。

图3-23   套做法

3. 属性分类设置

属性分类设置在套做法中非常重要，会影响后续进行计价时的项目特征。选择套做法界面下的"属性分类设置"，弹出"属性分类设置"窗口，如图3-24所示。查看各个消防构件所呈现的属性，根据实际进行调整。调整完属性分类设置后，点击"确定"回到套做法界面，查看各个构件表中属性是否有空项，若有空项则回到该图元中进行添加修改，重新汇总计算，则空项添加完成。

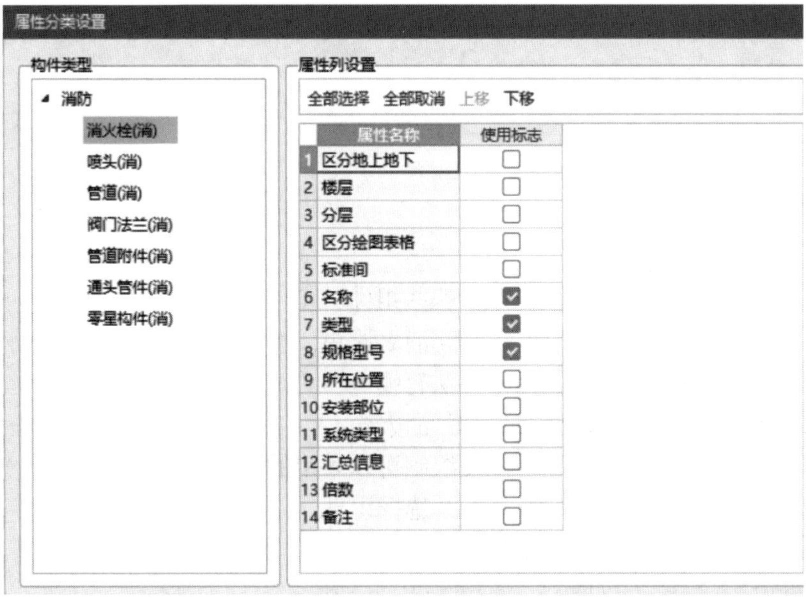

图3-24 属性分类设置

4. 自动套用清单

属性分类设置完成后，单击选择“自动套用清单”，清单项会自动套用，然后进行检查，看看是否有套用错误或者没有套好的清单，如图 3-25 所示。

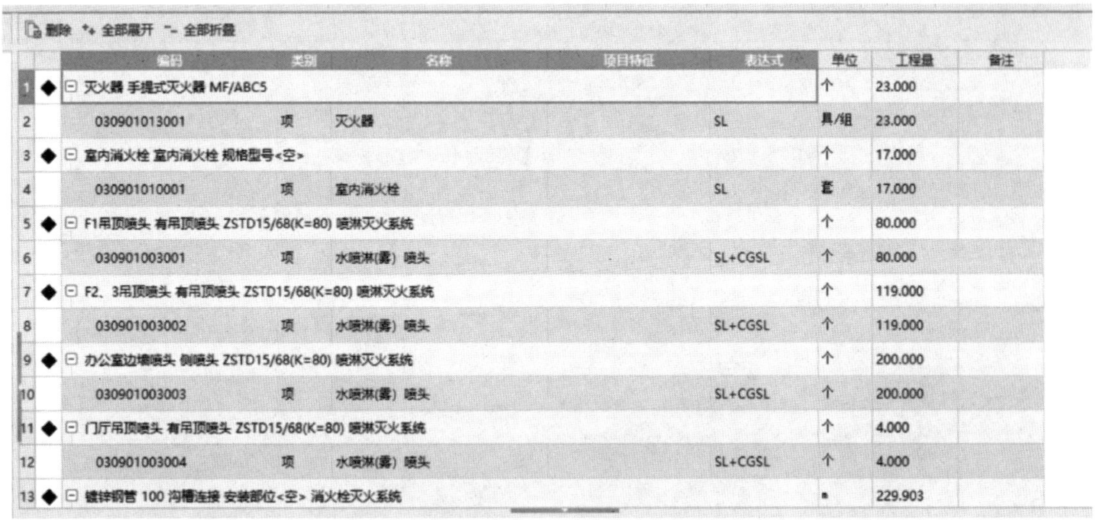
删除 全部展开 全部折叠

		编码	类别	名称	项目特征	表达式	单位	工程量	备注
1	◆	⊟ 灭火器 手提式灭火器 MF/ABC5					个	23.000	
2		030901013001	项	灭火器		SL	具/组	23.000	
3	◆	⊟ 室内消火栓 室内消火栓 规格型号<空>					个	17.000	
4		030901010001	项	室内消火栓		SL	套	17.000	
5	◆	⊟ F1吊顶喷头 有吊顶喷头 ZSTD15/68(K=80) 喷淋灭火系统					个	80.000	
6		030901003001	项	水喷淋(雾) 喷头		SL+CGSL	个	80.000	
7	◆	⊟ F2、3吊顶喷头 有吊顶喷头 ZSTD15/68(K=80) 喷淋灭火系统					个	119.000	
8		030901003002	项	水喷淋(雾) 喷头		SL+CGSL	个	119.000	
9	◆	⊟ 办公室边墙喷头 侧喷头 ZSTD15/68(K=80) 喷淋灭火系统					个	200.000	
10		030901003003	项	水喷淋(雾) 喷头		SL+CGSL	个	200.000	
11	◆	⊟ 门厅吊顶喷头 有吊顶喷头 ZSTD15/68(K=80) 喷淋灭火系统					个	4.000	
12		030901003004	项	水喷淋(雾) 喷头		SL+CGSL	个	4.000	
13	◆	⊟ 镀锌钢管 100 沟槽连接 安装部位<空> 消火栓灭火系统					m	229.903	

图3-25 自动套用清单

5. 查询清单

当自动套用清单，有套用错误或者没有套用的，单击选择“查询清单”，在查询界面中，查询到对应的清单项，双击就可以将清单套用完成，最终完成清单套取。清单项套取完成后，保存，可导出 Excel 表格。

注意

清单套取过程中，若有外部清单，可利用"导入外部清单"进行清单套取。

能力训练题

1. 消防工程中，消火栓系统包含以下哪些组件? (　　)
　　A. 消防管道　　　B. 消火栓　　　C. 消火栓箱　　　D. 水龙带　　　E. 水枪

2. 消火栓进行识别时，可以采用的方法有哪些? (　　)
　　A. 一键提量　　　B. 设备提量　　C. 消火栓　　　D. 选择识别

3. 自动喷水灭火系统中，管道识别及绘制可以采用的方法有哪些? (　　)
　　A. 喷淋提量　　　B. 设备表　　　C. 选择识别　　　D. 系统图

4. 镀锌钢管管道表示方式，以下正确的是 (　　)。
　　A. $De50$　　　　B. $DN63$　　　C. $D108 \times 6$　　　D. $DN25$

5. 在消防工程中，管道立管模型生成的方式有哪些? 怎样操作?

项目四

通风空调工程算量

 知识目标

熟悉通风空调工程施工图纸识读方法；
掌握通风空调工程软件算量思路及方法；
掌握通风空调工程套清单做法、工程量输出的方法。

 技能目标

能够根据图纸准确绘制通风管道；
能够根据图纸识别通风设备；
能够完成通风空调工程风管部件识别及绘制；
能够对通风空调工程进行工程量计算。

 素质目标

培养树立正确的职业理想，做好充分的择业准备；
注重理想与现实、期望与需求的联系，培养适应社会发展的能力；
与行业相结合，培养树立"认真、务实、乐观进取"的人生态度。

本项目以 3# 建筑物（西配楼）通风空调工程为例，主要是以该项目的空调部分进行学习。本建筑采用的是智能多联中央空调加新风系统，室外机集中放置在屋顶。通过"广联达 BIM 安装工程计量 GQI2021"软件计算通风空调工程工程量。

任务一 图纸分析

一、任务说明

识读 3# 建筑物（西配楼）通风空调工程图纸，并对工程量计算所需图纸信息进行提取。

二、操作步骤

针对通风空调工程特点，本工程包含有：①通风系统；②空调系统；③防排烟系统。

三、任务实施

1. 工程概况

本工程为车站广场工程建筑物西配楼，地上三层，建筑面积 4008.1m²，建筑物长 65.7m，宽 18.7m，高 16.2m；第 1 层地面标高 ±0.000m，层高 5.4m；第 2 层地面标高 5.4m，层高 3.9m；第 3 层地面标高 9.3m，层高 3.9m。建筑主要功能：厨房、餐厅、业务用房等。

2. 设计说明

（1）通风系统

① 所有卫生间均设排气扇，室内污浊空气由管道式排气扇排放至室外。

② 会议室、水箱间及电梯机房设排气扇排风。

③ 一层厨房操作间设机械通风系统，全室换气风机安装在屋面上。屋面风机均在屋面设检修开关，在其所服务的房间内设控制开关。

（2）空调系统

① 本建筑采用智能多联中央空调加新风系统，多联机空调系统室外机集中放置在屋顶，统一排布。以层为单位，在公共活动区域的吊顶上安装新风机组为各房间送新风。

② 非采暖房间通风管道、空调制冷剂管道、空调冷凝水管道均做保温。

（3）防排烟系统

① 二、三层走廊设机械排烟系统，火灾时打开着火层的排烟防火阀，连锁屋面排烟风机开启排烟。

② 所有穿越防火分区、楼板及空调机房的隔墙、与土建竖井连接的水平风管上均设有防火阀。

③ 所有常闭的排烟阀均设手动开启装置，并与相应的排烟风机连锁。

3. 施工说明

（1）系统标高：水管与圆形风管标高均为管中心标高，矩形风管标高均为管顶/底（不含保温）的高度。

（2）所有送排风排烟管均采用镀锌钢管。

（3）一般风管上的软管采用三防复合布制作，排烟风管上使用的软管采用黑色防火织物双层铝箔复合材料制作。

（4）空调制冷剂管道采用去磷无缝紫铜管，管道规格及壁厚如图4-1所示。管道采用难燃B1级橡塑保温材料保温，保温厚度如图4-1所示。冷凝水管采用UPVC塑料管。

2.2.2 制冷剂管道采用空调用去磷无缝紫铜管，并应符合国际GB/T 1527—2017的规定，管径及壁厚选择不应小于下表的规定。

管径/mm	φ6.35	φ9.53	φ12.7	φ15.88	φ19.05	φ22.20	φ25.40	φ28.60	φ31.75	φ34.88	φ38.10	φ44.45
壁厚/mm	0.8			1.0					1.1	1.3	1.4	1.5

图4-1　制冷剂管道规格、壁厚及保温材料厚度

（5）所有保温及其辅助材料必须采用不燃或难燃型产品。保温材料的厚度应根据选定的材料进行校核。具体见表4-1。

表4-1　保温材料及厚度

序号	保温材料	保温部位		保温厚度/mm	保温材料性能参数	
					热导率/[W/(m·K)]	燃烧性能
1	外带铝箔贴面橡塑保温管壳	空调制冷剂管道	d ≤ φ12.7	15	0.034	难燃B1
			d ≥ φ15.88	20		
		空调冷凝水管		20		
2	橡塑保温板	空调风管		25	0.027	难燃B1
	铝箔夹筋离心超细玻璃棉毡（板）	吊顶内的排烟风管		50	0.033	不燃A级

（6）空调室内机尺寸如图4-2所示。

空调室内机尺寸表

空调室内机	送风管/mm	送风口		回风管/mm	回风口(带滤网)
薄型风管天井式室内机		数量	散流器尺寸(自带风阀)/mm		单层百叶风口/mm
MDV-D28T2/N1-C	500×120	1	300×300	570×180	570×180
		2	180×180		
MDV-D45T2/N1-C	800×120	1	360×360	790×180	790×180
		2	240×240		
MDV-D56T2/N1-C	800×120	1	360×360	790×180	790×180
		2	240×240		
MDV-D71T2/N1-C3	800×120	2	300×300	790×180	790×180

图4-2　空调室内机尺寸

（7）图纸图例如图 4-3 所示。

图例名称及型号规格

水系统部分		
图例	名称	型号及规格
◀	冷媒管	
— · — ·	冷凝水管	
—✳—	固定支架	
———	采暖供水管	
— — —	采暖回水管	
▷◁	平衡阀	SPF45-10(DN≥40)
		SPF15-10(DN<40)
▷◁　▭	闸阀	Z15W-10T(DN<50)
		Z41T-10(DN≥50)
▷◁	调节阀	T40H-10
⊥	截止阀	J11T-10T(DN<40)
⊥	排气阀	ZP88-1 DN20
风系统部分		
图例	名称	型号及规格
⊢⊙ 280℃	排烟防火阀(常开)	HAPYF-2(SFD)
⊢⊙ 70℃	防火阀(常开)	HAFFH-1(6)(FD)
◻	板式排烟口(常闭)	HAPYK-4(YSDFW)
S：带电磁铁，可电控阀门动作　F：带温度熔断器　B：远距离钢缆控制 D：手动操作及复位　V：风量调节		
●	风管软接	
	密闭对开多叶调节阀(手动)	
Ⓜ	密闭对开多叶调节阀(电动)	
	风管止回阀	
	消声器	
	风管乙字弯	
⊞	方形散流器	

图4-3　图纸图例

任务二　通风设备识别及绘制

一、任务说明

完成通风空调工程中通风设备识别及绘制。

二、操作步骤

通风设备→通风设备识别→属性编辑→完成通风设备识别。

三、任务实施

1. 通风设备

点击选择导航栏中"通风设备",进入通风设备编辑界面。

2. 通风设备识别

该工程中,通风设备包含有室内外多联机、通风器、新风机、排烟风机。

工具栏中通风设备识别方法有:"通风设备"是选择一个标识和图例,与此图例同系列的设备均被识别成功;"一键提量"是可以对全楼层的点式设备进行提量;"设备提量"是选择一个设备图例(可选标识),把图纸中同样的设备全部提取出来。

首先创建室内多联机图元,点击"通风设备",选择室内机图例以及标识,右键确认。弹出如图 4-4 所示"构件编辑窗口",类型改为"变频多联机室内机",规格型号为"MDV-D56T2/N1-C3",识别完成得到通风设备,如图 4-5所示。

	属性名称	属性值
1	类型	变频多联机室内机
2	规格型号	
3	设备高度(mm)	0
4	标高(m)	层底标高+4.5
5	重量(kg/台)	0
6	所在位置	
7	安装部位	
8	系统类型	空调风系统
9	汇总信息	设备(通)
10	倍数	1
11	备注	
12	⊞ 显示样式	

图4-4　构件编辑窗口

图4-5　通风设备图元完成

4-1
通风设备识别

3. 属性编辑

在"构件编辑窗口"对构件进行尺寸编辑或者新建构件对构件进行属性编辑。

同样方式，完成其他通风设备识别。通风设备在风平面图以及水平面图中都有，若风平面图中已经识别通风设备，则在水平面图中，识别后可将属性中是否计量改为"否"。不计量通风设备如图 4-6 所示。

图4-6 通风设备不计量

任务三 通风管道识别及绘制

一、任务说明

完成通风空调工程中一层通风管道识别及绘制。

二、操作步骤

通风管道→新建构件→风管识别及绘制→风管算量完成。

三、任务实施

1. 通风管道

点击选择导航栏中"通风管道"，进入通风管道编辑界面。

2. 新建构件

一层通风管道包含有新风管道、排风管道以及空调送风管道。

新建通风管道，构建多联机送风管道，根据图纸信息，可知空调送风管道存在"500×120"和"800×120"两种尺寸。

点击"新建"，选择"新建矩形风管"，修改属性。属性中，名称改为"800×120"，系统类型改为"送风系统"，材质为"薄钢板风管"，宽度为"800"，高度为"120"，厚度根据图 4-7，长边为 800mm 时，厚度为 "0.75"，起点标高、终点标高选择 "层底标高 +4.5"，完成 "MDV-D56T2/N1-C3" 多联机的送风管道构件设置，如图 4-8。以同样方式完成空调送风管道设置，如图 4-9 所示。

表 4.2.1-1 钢板风管板材厚度(mm)

风管直径D或长边	圆形风管	矩形风管		除尘系统风管
		中、低压系统	高压系统	
$D(b) \leqslant 320$	0.5	0.5	0.75	1.5
$320 < D(b) \leqslant 450$	0.6	0.6	0.75	1.5
$450 < D(b) \leqslant 630$	0.75	0.6	0.75	2.0
$630 < D(b) \leqslant 1000$	0.75	0.75	1.0	2.0
$1000 < D(b) \leqslant 1250$	1.0	1.0	1.0	2.0
$1250 < D(b) \leqslant 2000$	1.2	1.0	1.2	按设计
$2000 < D(b) \leqslant 4000$	按设计	1.2	按设计	

注：1.螺旋风管的钢板厚度可适当减小10%～15%。
　　2.排烟系统风管钢板厚度可按高压系统。
　　3.特殊除尘系统风管钢板厚度符合设计要求。

图4-7　风管厚度

属性			
	属性名称	属性值	附加
1	名称	800×120	
2	系统类型	送风系统	☑
3	系统编号	(XF1)	☐
4	材质	薄钢板风管	☑
5	宽度(mm)	800	☑
6	高度(mm)	120	☑
7	厚度(mm)	0.75	☐
8	周长(mm)	(1840)	☐
9	起点标高(m)	层底标高+4.5	☐
10	终点标高(m)	层底标高+4.5	☐
11	所在位置		☐
12	汇总信息	通风管道(通)	☐
13	备注		☐
14	⊞ 计算		
21	⊞ 支架		
24	⊞ 软接头		
27	⊞ 刷油保温		

图4-8　风管800×120属性

属性			
	属性名称	属性值	附加
1	名称	500×120	
2	系统类型	送风系统	☑
3	系统编号	(XF1)	☐
4	材质	薄钢板风管	☑
5	宽度(mm)	500	☑
6	高度(mm)	120	☑
7	厚度(mm)	0.6	☐
8	周长(mm)	(1240)	☐
9	起点标高(m)	层底标高+4.5	☐
10	终点标高(m)	层底标高+4.5	☐
11	所在位置		☐
12	汇总信息	通风管道(通)	☐
13	备注		☐
14	⊞ 计算		

图4-9　风管500×120属性

送风管道完成构件新建后，新建排风管道构件，排风管道有 "500×250"、"400×250" 和 "800×320" 几种型号；新风管道有 "1250×400"、"800×250"、"400×400"、"1000×250"、"630×250"、"500×200"、"400×200"、"800×200"、"630×200"、"320×160"、"160×120"、"120×120"、"250×160"、"200×160"、"800×400" 及 "500×320" 几种型号。新风管道构件与排风管道构件如图 4-10 和图 4-11 所示。

4-2
通风管道绘制

◢ 通风管道(通)

　　◢ 新风系统

　　　　新风1000×250 [新风系统 薄钢板风管 1000×250]

　　　　新风800×250 [新风系统 薄钢板风管 800×250]

　　　　新风400×400 [新风系统 薄钢板风管 400×400]

　　　　新风630×250 [新风系统 薄钢板风管 630×250]

　　　　新风500×200 [新风系统 薄钢板风管 500×200]

　　　　新风400×200 [新风系统 薄钢板风管 400×200]

　　　　新风800×200 [新风系统 薄钢板风管 800×200]　　　　　◢ 排风系统

　　　　新风630×200 [新风系统 薄钢板风管 630×200]　　　　　　　排风500×250 [排风系统 薄钢板风管 500×250]

　　　　新风320×160 [新风系统 薄钢板风管 320×160]　　　　　　　排风800×320 [排风系统 薄钢板风管 800×320]

　　　　新风160×120 [新风系统 薄钢板风管 160×120]　　　　　　　排风400×250 [排风系统 薄钢板风管 400×250]

图4-10　新风系统管道构件　　　　　　　　　　图4-11　排风系统管道构件

3. 风管识别及绘制

　　风管算量方式有很多种，识别或绘制都可完成。工具栏中选择识别风管方式，"自动识别"自动识别全图的风管图元，并能自动识别管径反建构件；"系统编号"按同类编号的系统进行编号，进行风管识别，并能自动识别管径反建构件；"选择识别"按照平行 CAD 线生成风管图元。

　　（1）选择识别　识别风管时，根据图纸信息，点击"选择识别"，左键选择风管的两侧边线和标注，右键确认。弹出"选择要识别成的构件"对话框，如图 4-12 所示，选择"800×120"，点击"确认"，风管 800×120 绘制完成，如图 4-13 所示。

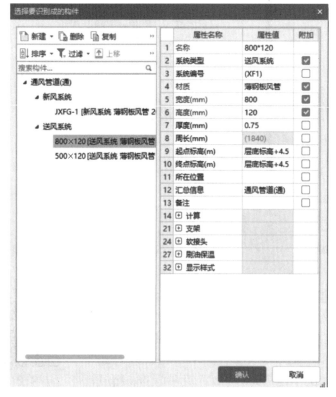

图4-12　选择要识别成的构件　　　　　　　　　图4-13　送风管800×120模型

（2）直线　新风管道和排风管道可采用直线绘制方式直接进行管道绘制。点击工具栏绘图中的"直线"，选择构件列表中新风系统构件，调整管道标高，根据图纸信息，在选择构件对应位置进行管道绘制，具体绘制方式同给排水管道绘制，绘制完成后的新风管道如图4-14所示。其他管道可用相同方式进行绘制。

管道识别过程中，若不生成风管通头，可选择工具栏中的"风管通头识别"（图4-15），左键点选或者框选要生成通头的风管，右键确认，风管通头即可生成。

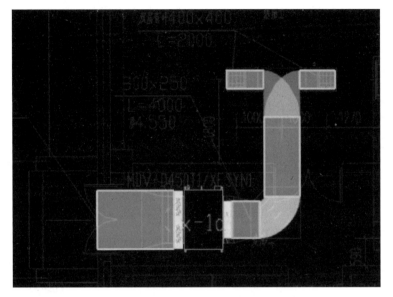

图4-14　新风管道绘制

图4-15　风管通头识别

（3）表格输入　若管道在图纸中已给出风管长度，可采用"表格输入"方法。

假设给出"新风管 800×400"管道管长为20.5m，管道末端安装双层百叶风口，长度为2.5m，风阀长度为3m。点击"工程量"中的"表格输入"，点击表格输入中的"添加"，对"新风管道800×400"进行表格输入，根据图纸信息，输入信息，名称为"新风管道800×400"，系统类型选择"新风系统"，材质为"薄钢板风管"，规格型号为"800×400"，厚度为"0.5"，周长会根据规格自行计算，如图4-16所示。

序号	系统编号	材质	规格型号(mm)	厚度(mm)	周长(mm)	提取量表达式(单位：m)	手工量表达式(单位：m)	倍数	工程量 管道长度(m) [CD]	核对
1	XF1	薄钢板风管	800*400	0.5	2400		20.5-3	1	17.500	☐

图4-16　表格输入

根据通风管道计算规则，通风管道长度需扣除风管附件及通风设备长度，故最终管长需识别完成风管附件及设备后计算而得。管道中安装有风口，长度为2.5m，风口长度不扣除，风阀长3m，需扣除。手工量表达式中输入"20.5-3"，如图4-16所示。排烟管道采用同样算量方式，同样可利用"表格输入"计算。

4-3　表格输入

任务四　通风部件识别及绘制

一、任务说明

完成通风空调工程中一层通风部件识别及绘制。

二、操作步骤

通风部件→风口识别→风阀识别→消声器识别→通风部件绘制完成。

三、任务实施

通风部件中包含有风阀、风口、消声器等。

1. 通风部件

点击选择导航栏中"通风部件",进入通风部件编辑界面。

2. 风口识别

排风风管已经绘制完成,接下来绘制排风口,识读图 4-17 图纸信息可知,排风口为 4 个 300×300 的单层百叶风口。

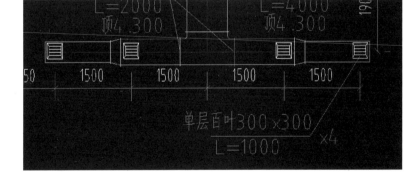

4-4　风口识别

图4-17　排烟风口图纸信息

工具栏中点击选择"风口",选择风口 CAD 图元及其标注,右键确认。弹出如图 4-18 所示的窗口,根据图纸信息对单层百叶风口进行构件编辑,编辑完成后,点击"确认"。

只绘制完成一个风口,其余风口可采用"点"功能进行绘制。点击选择"点",构件选择"单层百叶 300×300",在图纸对应位置放置风口。

因为此处 4 个单层百叶风口规格完全相同,也可将属性中"倍数"直接改为"4",直接计算完成 4 个风口,如图 4-19 所示。

图4-18 单层百叶风口构件

图4-19 属性倍数编辑

绘制完成的风口模型如图 4-20 所示。

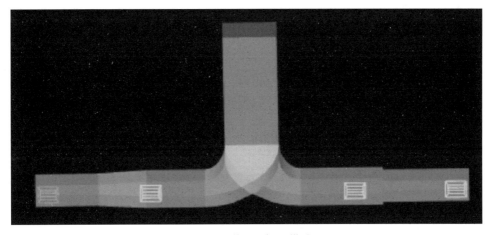

图4-20 单层百叶风口模型

3. 风阀识别

风阀识别可采用"设备提量"进行识别。点击工具栏中"设备提量",选择图纸中风阀图例及标注,右击确认。弹出如图 4-21 所示窗口。根据图纸信息对风阀进行构件编辑,点击"确认",该风阀识别完成。识别完成后,规格型号会自动随风管规格进行识别。创建完成的模型如图 4-22 所示。

消声器识别方式与之相同,不再详细讲述。绘制完成后,此工程中通风部件绘制完成。

4-5 风阀识别

图4-21 风阀识别构件窗口

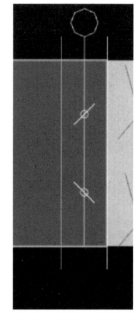

图4-22 风阀模型识别完成

任务五 空调管道系统模型创建

一、任务说明

完成空调工程一层管道系统模型搭建。

二、操作步骤

空调水管→冷媒管→冷凝管识别及绘制→空调管道系统创建完成。

三、任务实施

1. 空调水管

点击选择导航栏中"空调水管",进入空调管道编辑界面。

2. 冷媒管

该工程空调系统为多联机系统，多联机空调系统管道有气液管，即一根液体管道以及一根气体管道，管材皆为去磷无缝紫铜管，除此之外，管道为空调冷凝水管道，采用UPVC塑料管。通过读取图纸信息可知，冷凝水管管径均为 $De25$。其他管道管径详细见图纸。

4-6
空调管道识别

空调管道绘制方式有以下几种："自动识别"、"选择识别"、"冷媒管"以及"直线"绘制的方式。"自动识别"可以按照 CAD 线和标识一次性识别完一整条管路；"选择识别"则仅仅按照所选的 CAD 线进行识别；"冷媒管"可以按照 CAD 线和冷媒管标志一次性识别完一整条管路，且在识别过程中会默认为多联机管道识别；"直线"绘制方式则是先选择所创建的构件，定好标高，直接对管路进行绘制。

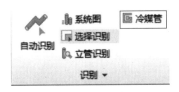

图4-23　"冷媒管"选择

除了以上几种绘制方式，在管道存在立管时一般有三种方式，即通过绘制水平管道自动生成；利用"立管识别"进行立管管道识别；选择"布置立管"进行立管管道布置。

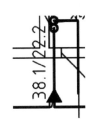

图4-24　图纸冷媒管信息

根据以上几种方式进行对比，此处选择"冷媒管"绘制方式进行管道绘制。点击工具栏中"冷媒管"，如图 4-23 所示。选择图 4-24 中冷媒管管线及对应标注，右键确认后弹出如图4-25所示窗口，点击构件名称，出现 ，左键选中，弹出如图4-26所示"选择要识别成的构件"窗口。点击"新建"，选择冷媒管，编辑构件信息，名称改为"冷媒管 31.8/15.9"，其他信息依照工程图纸信息修改，如图4-27所示。构件信息完成，点击"确认"。管道构件信息编辑完成，依次进行构件名称选择，最终完成后如图4-28所示。在图 4-28 中，第一行为"没有对应标注的管线"，双击"路径 1"单元格，可进行反查，图

管道构件信息			×
系统类型: 空调多联机系统 ▼　材质: 去磷无缝紫铜管 ▼			建立/匹配构件
	标识	反查	构件名称
1	没有对应标注的管线	路径1	
2	31.8/15.9	路径2	
3	28.6/15.9	路径3	
4	19.1/9.5	路径4	
5	15.9/9.5	路径5	
系统编号		删除　　确定　　取消	

图4-25　管道构件信息

图4-26 选择要识别成的构件

图4-27 构件信息编辑

中没有标识的管线会进行颜色提亮，根据平面图进行判断这些管线对应的管道标识。也可直接点击"管道构件信息"窗口的"确定"，采用"选择识别"或"直线"进行补充。冷媒管绘制完成后，模型如图 4-29 所示。

3. 冷凝管识别及绘制

在多联机空调系统中，管道除了有冷媒管管道外，还有空调冷凝管。

（1）选择识别　冷凝管管材为 UPVC 管材。点击工具栏"选择识别"，选择管道，

图4-28 管道构件信息编辑后

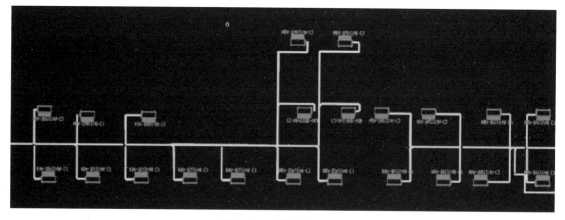

图4-29 冷媒管绘制完成

右击确认，弹出如图4-30所示窗口，根据工程图纸信息进行冷凝管构件信息修改。其他构件可同样进行识别。

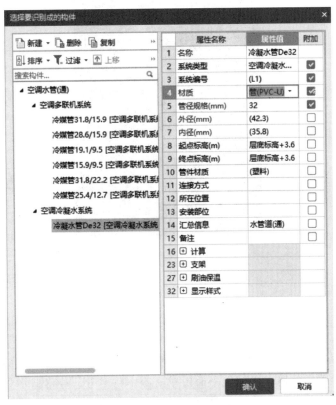

图4-30　冷凝水管管道构件

（2）直线绘制　除了"选择识别"，还可以进行直线绘制。点击"直线"，此时要先在构件列表中将所有冷凝管构件创建完成，如图4-31所示，然后根据平面图信息进行管道绘制，方法同给排水管道绘制。

（3）布置立管　冷凝管就近排至卫生间地漏或者排至散水，因此冷凝管要进行立管布置。点击工具栏"布置立管"，弹出如图4-32所示窗口后，进行管道标高设置，选择好构

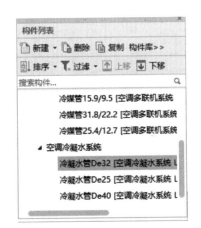

图4-31　构件列表创建构件

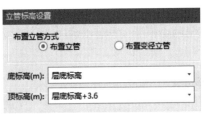

图4-32　立管标高设置

件列表中所需构件，然后将立管放置在图示立管处。立管创建完成的模型如图 4-33 所示。

图4-33　立管模型创建

依次绘制空调管道。

　　·空调系统除了多联机系统，常用的还有风机盘管加新风系统，此系统中，空调管道平面图为水管道平面图，水管道平面图中有冷水供水管、冷水回水管以及冷凝水管。管道识别及绘制过程中，与普通水管的识别绘制方式相同，参照空调冷凝管绘制方式。

　　·空调水管图纸中，通常没有阀门部件，如果需要建模，可以使用水管部件进行建模。

　　·空调水管以及风管绘制完成后，也存在有套管，具体方式参照给排水专业套管建模方式即可，在此不再详述。

任务六　汇总计算及套做法

一、任务说明

　　完成通风空调工程中一层工程量汇总计算并进行套做法。

二、操作步骤

　　汇总计算→套做法→导出报表。

三、任务实施

各模型创建完成后，要汇总计算出整个工程的工程量，并进行套做法。

1. 汇总计算

单击选择"工程量"面板，在面板下选择"汇总计算"，弹出汇总计算窗口后，选择所要汇总计算的楼层，在此处，选择全选，点击"计算"，等待软件进行工程量汇总计算。

2. 套做法

汇总计算完成后，选择工程量面板下"套做法"，进入套做法编辑界面。接着进行属性分类设置，选择套做法界面下的"属性分类设置"，弹出"属性分类设置"窗口，查看各个通风空调构件所呈现的属性，根据各项进行调整。调整完属性分类设置后，点击"确定"回到套做法界面，单击选择"自动套用清单"，清单项会自动套用并检查。

3. 导出报表

最终根据需求导出报表。

能力训练题

1. 以下不属于通风部件的是（　　　　）。
    A. 侧送风口　　　　　B. 风阀　　　　　　　　C. 通风器　　　　　　D. 消声器
2. 在利用 GQI 计算通风管道长度时，以下方式不能进行计算的是（　　　　）。
    A. 表格输入　　　　　B. 设备提量　　　　　　C. 选择识别　　　　　D. 直线绘制
3. 通风管道在进行计算时，以下需要将其长度扣除的是（　　　　）。
    A. 散流器　　　　　　B. 风管通头　　　　　　C. 消声器　　　　　　D. 风管铆接件
4. 在进行空调水管道计算时，风机盘管空调系统中，连接风机盘管的三根水管道分别是
_____、_____、_____。
5. 通风设备进行识别时，风平面图及水平面图中都存在通风设备，风平面图中设备已识别，水平面图中通风设备应_____。
6. 利用 GQI 软件，完成 3# 建筑物（西配楼）整个通风空调工程安装算量。

项目五

电气工程算量

 知识目标

熟悉电气工程施工图纸识读方法；
掌握电气工程软件算量思路及方法；
掌握电气工程套清单做法、工程量输出的方法。

 技能目标

能够根据计算规则进行配电箱识别；
会进行灯具、开关插座识别；
能够根据图纸信息识别绘制电线导管、电缆导管以及桥架；
能够汇总电气工程工程量并进行套做法。

 素质目标

坚持知识传授与价值引领相结合，培养正确的价值取向与社会责任；
培养缘事析理、明辨是非的能力，做到德才兼备、全面发展；
培养正确应用规范标准的能力，快速适应行业发展。

本项目以 3# 建筑物（西配楼）电气工程为例进行介绍，电气工程根据用途分为配电工程、动力工程、照明工程和防雷接地工程，并通过广联达 BIM 安装工程计量 GQI2021 软件计算动力工程、照明工程等工程量。

任务一 图纸分析

一、任务说明

识读 3# 建筑物（西配楼）电气工程图纸，并对工程量计算所需图纸信息进行提取。

二、操作步骤

针对电气工程的特点，电气工程算量需要提取的内容包括有：①配电箱；②电气设备；③电线、电缆等；④桥架、线槽；⑤其他构件等。

识读顺序为：设计说明→材料表及图例→配电箱竖向系统图→配电箱系统图→照明平面图→电力平面图，识读图纸时，应结合设计说明来识读。

三、任务实施

通过对图纸内容进行识读，提取出图纸内信息。

1. 工程概况

本工程为车站广场工程建筑物西配楼，地上三层，建筑面积 4008.1m²，建筑物长 65.7m，宽 18.7m，高 16.2m，第 1 层地面标高 ±0.000m，层高 5.4m；第 2 层地面标高 5.4m，层高 3.9m；第 3 层地面标高 9.3m，层高 3.9m。建筑主要功能：厨房、餐厅、业务用房等。

2. 图纸信息分析

电气工程图纸共分为设计说明、主要设备表、照明平面图、电力平面图、配电箱系统图以及防雷接地平面图。接下来，通过识图图纸，了解电气工程算量基本信息。

（1）本工程供电电源及电压是由附近 10kV 变电所引入 5 路 220/380V 低压电缆至本建筑物配电室，其中 AP1 与 AP2、AP3 与 AP4 配电箱要求分别引自不同变压器低压侧，满足一级负荷要求。

（2）配电室至总配电箱的配电干线选用 ZR-YJV 型电缆，沿桥架敷设在竖井内。或电缆沿桥架敷设在吊顶内。支线选用 NH-BC 及 ZR-BV-450/750V 型导线。

（3）配电箱箱底距地 1.5m，照明开关距地 1.3m，除图中注明外一般插座距地 0.3m。

（4）了解图纸中图例、设备规格及安装方式、安装高度。如图 5-1 所示。

电气工程算量首先应先对图纸进行识读，了解图纸基本信息，再对材料表、配电箱系统图、平面图进行识读。识图完成后，再利用软件新建工程，对项目工程进行算量。

图　例

序号	图例	名称	规格	备注
1		照明配电箱	见系统图	
2		MEB(LEB)端子箱	见系统图	壁装 h=0.3m
3		安全出口指示灯	PAK-Y01-101B01 1×2.5W	壁装 门上0.2m
4		单向诱导指示灯	PAK-Y01-102E01 1×2.5W	壁装 h=0.3m
5		双向诱导指示灯	PAK-Y01-104 E01 1×2.5W	壁装 h=0.3m
6		楼层指示灯	PAK-Y01-103E01 1×2.5W	壁装 h=2.2m
7		单管荧光灯	PAK-B07-128-MI 1×28W	吊装,降标注外h=3.6m
8		双管荧光灯	PAK-B08-228-MI 2×28W	嵌入式安装
9		三管荧光灯	PAK-B08-328-MI 3×28W	嵌入式安装
10		三管格栅灯	3×14W	嵌入式安装
11		三管应急格栅灯	3×14W	嵌入安装
12		壁装单管荧光灯	PAK-A08-114-B-1×14W	降标注外,靠上安装
13		单管应急荧光灯	PAK-Y31-128-1×28W	吸顶安装,灯具自带蓄电池,应急时间≥180min
14		双管应急荧光灯	PAK-Y31-228-2×28W	嵌入安装
15		三管应急荧光灯	PAK-Y31-328-3×28W	嵌入安装
16		吸顶灯	PAK-D14-122J-BA 1×22W	嵌入式安装
17		应急吸顶灯	PAK-D14-122J-BA 1×22W	吸顶安装,灯具自带蓄电池,应急时间≥180min
18		应急吸顶灯	PAK-D14-122J-BA 1×22W	吸顶安装
19		LED筒灯	PAK-C08-208E-AA 1×18W	嵌入安装
20		双管密闭荧光灯	PAK-A07-228 2×28W	吸顶安装
21		单管密闭荧光灯	PAK-B07-128-MI 1×28W	嵌入式安装或吊装,降标注外h=2.8m
22		雨棚灯	PAK-D14-122J-BA 1×22W	吸顶安装
23		防水防尘灯	PAK-YP-S22W-843 1×22W	嵌入式安装
24		紫外线杀菌灯	30W	吊装h=3.5m或吸顶安装
25		悬挂灯	65W	吊装h=5.3m
26		带氖泡点亮的触摸延时开关	250V,10A	h=1.3m
27		单联紫外线灯开关	250V,10A	h=1.3m
28		双联紫外线灯开关	250V,10A	h=1.3m
29		单极双联暗装开关	250V,10A	h=1.3m,无障碍房间h=1.0m
30		单极三联暗装开关	250V,10A	h=1.3m
31		单极单联暗装开关	250V,10A	h=1.3m
32		双控单相暗装开关	250V,10A	h=1.3m
33		单相二三孔暗装插座	250V,10A	h=0.3m
34		单相三孔防水暗插座	250V,10A	未标注者 h=0.4m
35		感应式冲洗器	250V,10A	h=1.2m
36		风机盘管		见暖施
37		控制按钮	LA101K-2BS	h=1.3m
38		风机盘管调速开关	见暖施	h=1.3m
39		接动开关	HY3-10/2	h=1.3m
40		电视放大器插座	250V,10A	h=1.6m ,100W
41		UPS电源插座	250V,10A	h=0.5m
42		呼叫系统按钮	250V,16A	h=0.5m
43		扬声器	250V,10A	h=2.2m
44		单相三孔防水暗插座	250V,10A	吊顶内,高于吊顶0.2m
45		热水器插座	250V,10A	h=2.2m
46		通风器	见暖施	

图5-1　电气工程图例

任务二　配电箱识别

一、任务说明

完成电气工程配电箱识别及模型创建，并对配电箱回路进行识别及绘制。识别所有总配电箱 AP1 ～ AP5、照明配电箱及插座配电箱，并对 AP4 及 1AL1 配电箱进行系统图识读。

二、操作步骤

新建工程及工程基本设置→材料表识别→配电箱识别→属性修改→系统图→读取系统图→修改系统图→完成配电箱识别。

三、任务实施

新建工程及工程基本设置，根据之前的讲述，建好工程并进行图纸分割定位，楼层分配，基本设置完成后，对电气工程材料表进行识别修改。

经过材料表识别后，在绘制选项卡下，构件列表中，已经出现照明配电箱这个构件，这是识别材料表，由材料表生成的构件，如图 5-2 所示。

识读图纸，可知照明配电箱一层有 AP1、AP2、AP3、AP4、AP5、1AP1、1AP2、1AP3、AL1、APR，其中 AP1 ～ AP5 为总动力配电箱，1AP1 连接风机盘管、新风机等；1AP2 连接插座；1AP3 为厨房备用配电箱；1AL1 为照明配电箱，APR 为热水配电箱。二层配电箱为：2AP1、2AP2、2AP3、ALB1、2AL1，其中 2AP1、2AP2 为分配电箱，为 AP1 配电箱支路连接末端，2AP1、2AP2 连接末端为 ALB1 照明配电箱，2AP3 为 2AP2 配电箱分支，2AP3 为插座配电箱，2AL1 为 AP4 连接末端，为照明配电箱。三层配电箱为 3AP1、3AP2、3AP3、ALB1、3AL1，各配电箱作用对应二层配电箱。构件列表如图 5-3 所示。

图纸识读完成后，则开始对配电箱进行识别及建模。

1. 配电箱识别

在"绘制"面板下，导航栏应选择"配电箱柜"，然后在识别下选择"配电箱识别"命令，如图 5-4 所示。根据右下角软件操作提示，配电箱选择可以左键点选或者框选，选择

5-1　材料表识别

图5-2　材料表识别出的构件

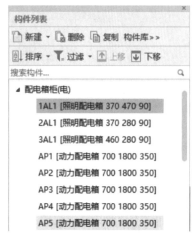

图5-3 配电箱构件列表

图5-4 配电箱识别

5-2 配电箱识别

完配电箱图例以后，选择配电箱标识，点击右键确定。

2. 配电箱属性编辑

配电箱识别点击完毕后，则会弹出配电箱属性面板，若在材料表识别时，已对所识别配电箱进行属性编辑，则直接可以点击"确定"，若未编辑，则需对配电箱属性进行编辑。名称会随识别的配电箱标识进行更改，选择配电箱类型，对配电箱的宽度、高度、厚度进行更改（配电箱尺寸在配电箱系统图中有识读），再对配电箱的标高进行更改，其他属性可根据具体需求进行更改。识别完成后的配电箱，如图5-5所示。

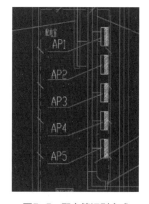

图5-5 配电箱识别完成

3. 配电箱计量调整

配电箱在识别过程中，由于平面图中会出现重复的配电箱，若以此作为最终结果，会导致配电箱数量与实际不符，因此，需要将重复的配电箱进行计量调整。在配电箱属性栏中存在一个属性为"是否计量"，在一层图纸配电箱识别中，如图5-6所示，可以看到1AP1、1AP2配电箱识别重复，因此选中其中一组的配电箱，将其属性栏中"是否计量"改为"否"，如图5-7所示。可以看到，改为"否"的配电箱颜色变为红色，代表此处配电箱不计量，此时，配电箱数量与实际对应。

	属性名称	属性值
1	名称	1AP1
2	类型	动力配电箱
3	宽度(mm)	800
4	高度(mm)	400
5	厚度(mm)	1800
6	标高(m)	层底标高(0.000)
7	敷设方式	
8	所在位置	
9	系统类型	动力系统
10	汇总信息	配电箱柜(电)
11	回路数量	
12	是否计量	否

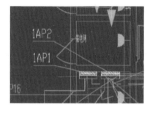

图5-6 配电箱重复识别

图5-7 配电箱计量调整

4.配电箱系统图读取

将配电箱依次识别完毕后，根据任务要求，开始进行配电箱 AP4 及 1AL1 系统图识读，先来进行 AP4 系统图识读，首先选择"识别"下"系统图"命令，则进入配电系统设置面板。在面板中选择读系统图，回到上一步界面，选择 AP4 配电箱系统图，左键框选回路编号以及所接末端，单击右键确定，如图 5-8 所示。通过读取可以看到该配电箱已完成系统图识读。

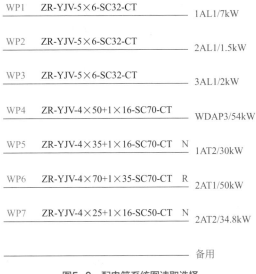

5-3
配电箱系统图读取

图5-8　配电箱系统图读取选择

5.配电箱系统图读取完善

通过上一步读取的系统图若不够完善，在"配电系统设置"对话框中，选择"追加读取系统图"，重复上一步骤，对配电箱系统图进行修改。识别完成后，对读取的系统图进行完善修改，如图 5-9 所示。修改完后，点击"确定"，则配电箱系统图读取完成。读取完成配电箱系统图后，点击导航栏中"电缆导管"选项，可以看到配电箱系统图连接的电缆导管已经添加好了。同样方式进行 1AL1 配电箱读取，最终在导航栏"电线导管"中可以看到添加好的电线导管。

图5-9　配电箱系统图读取完善

> ⚡ **注意**
>
> ·配电箱识别还可以通过"识别"中的"一键提量"进行识别，该功能相对于"配电箱识别"功能，可以一次性全部提取配电箱设备，但提取出来的配电箱欠缺准确性。
> ·配电箱识别还可以通过"设备提量"功能进行提取。
> ·当配电箱构件已经创建完成时，在进行配电箱识别时，还可以使用"点"命令，直接对配电箱进行绘制。
> ·配电箱属性编辑时，配电箱尺寸以及标高非常重要，这些数据会影响自身是否计取操作高度增加费，且会影响与配电箱相连的电线电缆导管长度。

任务三　灯具识别

一、任务说明

完成电气工程一层照明平面图所有灯具识别。

二、操作步骤

照明灯具→设备提量→灯具图元绘制。

三、任务实施

一层照明平面图中灯具识别主要包含有 LED 筒灯、安全出口指示灯、壁灯、单管密闭荧光灯、单管应急荧光灯、单向诱导指示灯、楼层指示灯、三管格栅灯、三管应急格栅灯、三管荧光灯、双管密闭荧光灯、双管应急荧光灯、双管荧光灯、吸顶灯、雨棚灯、紫外线杀菌灯。

1. 照明灯具

单击选择导航栏中的"照明灯具"，进入照明灯具编辑列表中。

2. 设备提量

选择"设备提量"，如图 5-10 所示，点击选择灯具图例（一般先点选有标识的，图例及标识同时选中），右击确定，弹出"选择要识别成的构件"窗口，如图 5-11 所示。选择对应的灯具构件，并进行属性编辑，点击"确认"，此图例的灯具全部提取出来。

3. 灯具绘制

依次进行灯具设备提量，将一层所有灯具进行识别，识别完成如图 5-12 所示。识别后注意进行检查修改。

5-4　灯具识别

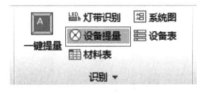

图5-10　照明灯具设备提量

图5-11　选择要识别成的构件

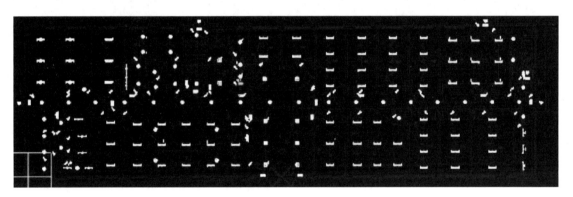

图5-12　照明灯具识别

注意

·设备识别的方法除了采用"设备提量"，也可以采用"一键提量"，在进行设备提取时，一定先提取有标识的，再识别没有标识的，防止，若先识别没有标识的，图例类似时，提取重复。

·灯具提取完成后，一定要对灯具进行检查，防止提取出来的灯具设备出错。

·在设备提取过程中，如果设备提取不出来，可以采用"点"功能，在构件列表中，选择正确的构件，直接绘制出来。

·"设备提量"过程中，若要提取的设备，在通过材料表提取出来的构件中没有，可以再新建构件，也可以通过复制之前的相似构件，再进行属性更改创建出来。

· 若提取设备时，想要提取整个工程的，可以在"选择要识别成的构件"窗口中，点击左下角的"选择楼层"，进入到"选择楼层"窗口，如图5-13所示，选择全部楼层，进而提取出整个工程的设备。

图5-13　选择楼层

任务四　开关、插座识别

一、任务说明

完成电气工程一层电力平面图所有开关、插座的识别。

二、操作步骤

建筑结构→墙→选择识别→绘制墙体图元→开关插座→设备提量→绘制开关、插座图元。

三、任务实施

开关、插座图元绘制要先进行墙体绘制，开关插座中，电线导管多是暗敷设在墙体内的，识别完墙体后，再识别开关、插座，识别电线导管时，就可以自动绘制出墙体内电线导管。

一层中包含的开关有带强制点亮的触摸延时开关、单极单联暗装开关、单极三联暗装开关以及双控单相暗装开关；插座包含有单相二、三孔暗装插座、单向三孔防水暗插座。

1. 建筑结构

点击打开导航栏中"建筑结构"这个选项。

5-5　插座识别

图5-14　墙绘制

2. 墙

点击"建筑结构"下方的"墙",进入墙体绘制界面。如图5-14所示。

3. 选择识别

单击绘制面板中的"选择识别"命令,如图5-15所示。根据软件右下方提示,选择墙体两侧边线,右键确认。依次将附有插座和开关的墙体绘制出来。

4. 开关插座

墙体绘制完成后,开始绘制开关插座,选择导航栏"电气"中的"开关插座",进入开关插座绘制界面。

图5-15　选择识别

5. 设备提量

和照明灯具图元绘制方式一样,利用绘制面板下方的"设备提量",将一层电力平面图中的开关插座依次识别绘制出来,如图5-16所示。

图5-16　开关插座识别完成

5-6　开关识别

 注意

设备提量时,先拾取有标识的。

任务五　电线导管识别及绘制

一、任务说明

　　完成电气工程一层照明平面图中所有电线导管和一层电力平面图中配电箱 1AP2 连接插座的所有回路电线导管的识别及模型创建。

二、操作步骤

　　电线导管→多回路识别→回路识别→回路信息→选择要识别成的构件→完成回路图元识别绘制。

三、任务实施

　　一层照明平面图中电线导管为配电箱 1AL1 的各个回路，1AL1 共有 12 个回路。一层电力平面图中，配电箱 1AP2 共有 17 个回路，连接插座回路为 WP1 ~ WP11。识别绘制步骤如下。

1. 电线导管

单击选择导航栏中"电线导管"，进入到电线导管编辑界面。

2. 多回路识别

5-7　电线导管

　　单击选择"绘制"面板下的"多回路"识别，如图 5-17 所示。根据右下角提示，选择回路中的一根 CAD 线及其回路编号，右键确定；然后选择第二条回路及其编号，右键确定，依次选择完成后，右击就进到了"回路信息"编辑窗口，如图 5-18 所示。选择过程中，一个回路如果没有一次性选择完成，可以多次选择，然后选择回路编号。

　　在回路信息界面，双击选择回路编号后方的构件名称，点击后方的，进入"选择要识别成的构件"窗口，然后对回路所对应的构件进行编辑，若在此处，没有要选择的构件，可以点击新建电线及配管，进行编辑。编辑完成后，点击"确认"，可以看到回路信息已经填写完成，如图 5-19 所示，依次对各回路编号进行编辑，完成后，点击"确定"，可以看到电线导管模型已经创建完成，如图 5-20 所示。

图5-17　多回路识别

回路信息						
	配电箱信息	回路编号	构件名称	管径(mm)	规格型号	备注
1	AL1	WL2				
2	AL1	WL4				
3	AL1	WL1				
4	AL1	WL8				
5	AL1	WL9				
6	AL1	WL12				

图5-18　回路信息

	配电箱信息	回路编号	构件名称	管径(mm)	规格型号	备注
1	1AL1	WL2	1AL1-WL2	15	ZR-BV-3*2.5	

图5-19　回路信息编辑

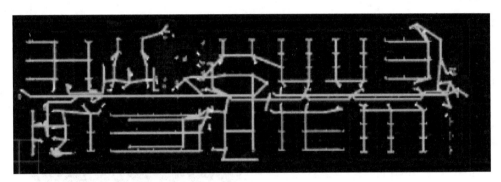

图5-20　电线导管绘制

3. 电力平面图电线导管绘制

依据上述方法，完成电力平面图中配电箱 1AP2 连接插座的所有回路电线导管的识别及模型创建。

> **注意**
>
> 电线导管回路识别除了"多回路"识别方式以外，还可以采用"单回路"识别，以及通过"直线"方式进行直接绘制。

任务六　电缆导管识别及绘制

一、任务说明

完成电气工程由外墙接入到配电箱 AP4，再由配电箱 AP4 连接至 1AL1 处电缆桥架的识别及绘制。

二、操作步骤

电缆导管→识别桥架→识别桥架图元→直线→绘制桥架图元→布置立管→立管标高设置→绘制桥架→绘制电缆→设置起点→选择起点→绘制桥架配线。

三、任务实施

当前任务，两个配电箱全部都在一层电力干线平面图中，首先找到两个配电箱，可以看到所要绘制的电缆桥架，自外墙处引入，有孔托盘 800×100 由出地面 0.5 ～ 1.4m 之后接到 AP5 处，AP5 后桥架连接 AP4、AP3、AP2，连接到 AP1，AP1 之后桥架变为有孔托盘 500×100，一直连接到 1AL1 所在的强电间。

1. 电缆导管

首先，在导航栏中，单击选择"电缆导管"，进入到电缆导管中进行模型创建。

2. 识别桥架

在绘制面板下，识别栏中选择"识别桥架"，如图 5-21 所示。然后根据右下角提示，选择桥架两边边线和标识，右击确定，进入构件编辑窗口，如图 5-22 所示。"系统类型"改为"动力系统"，并将"起点标高"和"终点标高"改为"层底标高 +4.1"，点击"确认"，有孔托盘 500×100 以及有孔托盘 200×100 电缆桥架创建完成。

5-8　桥架绘制

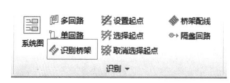

图5-21　识别桥架

图5-22　构件编辑窗口

3. 直线

新建有孔托盘 800×100 电缆构件，如图 5-23 所示，单击选择"直线"，绘制电缆，到外墙位置。

4. 布置立管

单击选择"布置立管"，立管标高设置，如图5-24所示，将绘制出的立管连接上水平桥架。

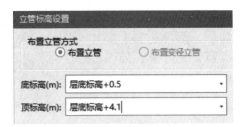

图5-23　新建桥架构件　　　　　图5-24　立管标高设置

5. 绘制电缆

选择"直线"，并选择构件列表中"AP4-WP1(SC 32 ZR-YJV-5×6)"，绘制配电箱AP4至电缆桥架处电缆以及1AL1至电缆桥架处电缆。

6. 设置起点

单击选择"设置起点"，选择电缆桥架末端位置作为起点。

5-9　桥架配线

7. 选择起点

再单击"选择起点"，先选择配电箱AP4与电缆桥架处的连接点，再选择电缆桥架上已经设置的起点，右击确定，可以看到电缆桥架内配线已经完成。

 注意

绘制完成的桥架内配线，可以采用"检查回路"进行回路检查。
电气工程同样要进行零星构件识别，不再赘述。

任务七　汇总计算及套做法

一、任务说明

完成电气工程汇总计算并完成套做法。

5-10　零星构件

二、操作步骤

汇总计算→套做法→属性分类设置→自动套用清单→查询清单。

三、任务实施

各模型创建完成后，要汇总计算出整个工程的工程量，并进行套做法。

1. 汇总计算

单击选择"工程量"面板，在面板下选择"汇总计算"，如图5-25所示。弹出汇总计算窗口后，选择所要汇总计算的楼层，在此处，选择全选，点击"计算"，等待软件进行工程量汇总计算，如图5-26所示。汇总计算完成后，可以输出报表，和前面项目任务操作一样。

2. 套做法

汇总计算完成后，选择工程量面板下"套做法"，进入套做法编辑界面，如图5-27所示。

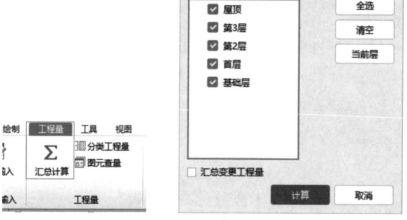

图5-25 汇总计算　　　图5-26 汇总计算楼层选择　　　图5-27 套做法

3. 属性分类设置

属性分类设置在套做法中非常重要，会影响后续进行计价时的项目特征。选择套做法界面下的"属性分类设置"，弹出"属性分类设置"窗口，如图5-28所示。查看各个电气构件所呈现的属性，根据各项进行调整。调整完属性分类设置后，点击"确定"回到套做法界面，查看各个构件表中属性是否有空项，若有空项则回到该图元中进行添加修改，重新汇总计算，则空项添加完成。

5-11 汇总计算及属性分类设置

4. 自动套用清单

属性分类设置完成后，单击选择"自动套用清单"，清单项会自动套用，然后进行检查，看看是否有套用错误或者没有套好的清单，如图 5-29 所示。

图5-28　属性分类设置

5-12　集中套做法

图5-29　自动套用清单

5. 查询清单

当自动套用清单，有套用错误或者没有套用的，单击选择"查询清单"，在查询界面中，查询到对应的清单项，双击就可以将清单套用完成，最终完成清单套取。清单项套取完成后，保存，可导出 Excel 表格。

 注意

清单套取过程中，若有外部清单，可利用"导入外部清单"进行清单套取。

能力训练题

1. 电气工程中，进行配电箱识别绘制过程中，（　　）可以帮助快速识别配电箱各个回路。

　　A. 配电箱识别　　　B. 一键识别　　　　　　C. 系统图　　　　　　D. 电线导管

2. 灯具属性列表中，（　　）必须进行修改。

　　A. 显示样式　　　　B. 所在位置　　　　　　C. 标高　　　　　　　D. 倍数

3. 电缆识别完成后，若想检查电缆回路连接可利用（　　）进行检查。

　　A. 检查回路　　　　B. 记录管理　C. 查看图元属性　　　　　　D. 合法性

4. 以下表示中，属于电缆的是（　　）。

　　A. ZR-YJV-5×6-SC32　　　　　　　　　B. NH-BV-3×2.5-SC15

　　C. 1AL1-WLZ1　　　　　　　　　　　　D. BV×2.5+E×2.5 SC20

5. 完成 3# 建筑物（西配楼）电气工程二层照明平面图灯具、开关及电线导管模型绘制。

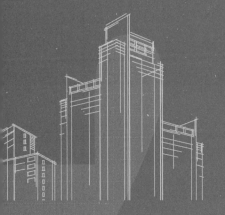

模块二

BIM安装工程计价

项目六

工程清单计价

 知识目标

掌握计价软件计价流程；
掌握工程量清单的编制方法；
掌握定额换算方法；
掌握价格调整方法；
掌握报表编辑和打印方法。

 技能目标

会编制工程量清单；
会对工程量清单进行组价；
能够根据实际情况进行综合单价的调整；
会编辑报表并以 Excel 或者 PDF 格式进行输出。

 素质目标

具有科学严谨的工作作风，报价过程不丢项落项，能够准确完整地进行工程量清单组价；
具有敏锐的市场洞察力，能够根据市场变化对分项工程价格做出正确判断；
遵守职业道德，不泄露企业商业机密。

本项目为工程的清单计价，主要以 3# 建筑物（西配楼）给排水工程进行介绍，工程量计算完成后，将所计算工程量结果输入（或导入）GCCP6.0 软件中，根据规范进行工程清单计价。

任务一　新建投标工程

一、任务说明

利用 3# 建筑物（西配楼）给排水工程项目，进行工程量清单计价，新建投标项目工程。

二、操作步骤

打开软件→新建投标项目→编辑单位工程→编辑工程概况→取费设置。

三、任务实施

1. 打开软件

双击桌面图标，打开"广联达云计价平台 GCCP6.0"软件。软件会启动文件管理界面，如图 6-1 所示。

图6-1　文件管理界面

2. 新建投标项目

在界面左侧文件管理界面，点击"新建预算"，选择"投标项目"，按照工程概况输入相关信息，如图 6-2 所示。点击"立即新建"，进入预算书编辑界面，如图 6-3 所示。

6-1
新建投标工程

图6-2　新建投标项目界面

图6-3　预算书编辑界面

3. 编辑单位工程

将"单项工程"重命名为"石家庄某车站西配楼"，单击"单位工程"，选择"安装工程"下"给排水工程"。若同时计算多个安装工程，可以在"给排水工程"处右击，点击"快速新建单位工程"，再选择"安装工程"，选择要创建的安装工程，如图 6-4 所示。

编辑完成单位工程后，可以看到界面如图 6-5 所示。

图6-4　新建单位工程

	编码	类别	名称	项目特征	单位	含量	工程量	单价	合价	综合单价	综合合价	单价构成文件
−			整个项目								0	
1		项	自动提示：请输入清单简称				1		0		0	[安装工程]

图6-5　单位工程界面构成

4. 编辑工程概况

工程概况包括：工程信息、工程特征和编制说明，相关信息按照前面的项目概况填写。

点击工程概况下的"工程信息"，查看工程信息填写是否正确。工程信息如图6-6所示。

点击工程概况下的"工程特征"，编辑工程特征。工程类型选择"公共建筑"，工程规模输入工程建筑面积"4008.1"，输入后会弹出"提示"，如图6-7所示，点击"确定"，因为建筑面积会影响后续"取费设置"。总层数输入"3"，工程特征编辑如图6-8所示。

	名称	内容
工程信息		
工程特征	1 工程名称	给排水工程
编制说明	2 专业	给排水、采暖、燃气工程
	3 清单编制依据	工程量清单项目计量规范(2013-河北)
	4 定额编制依据	全国统一安装工程预算定额河北省消耗量定额(2012)
	5 编制时间	

图6-6　工程信息

1	工程类型	公共建筑
2	建筑特征	
3	工程规模	4008.1
4	工程规模单位	
5	总层数	
6	详细专业	
7	□ 强电工程主要材料及设备品牌	
8	— 电线电缆	
9	— 开关、插座	
10	— 灯具	

提示

输入工程规模之后，需要您同步选择【取费设置】中【建筑面积】对应的选项，如不一致会影响评标结果！

确定

图6-7　工程规模提示

图6-8 工程特征

5.取费设置

取费设置分为三部分内容，分别是：费用条件、费率和政策文件。

"费用条件"中相关信息按照项目要求输入即可，本工程为二类工程，建筑面积在 10000m² 以下，如图 6-9 所示。

"费率"中"管理费"、"利润"等项目都可以修改，双击数字即可修改，修改后底色将从白色变为黄色，若费率不确定，可通过上方"查询费率信息"查得，如图 6-10 所示。

"政策文件"中需要选取取费所需文件，选哪一个就在其后面打"√"即可。如图 6-11 所示。

图6-9 费用条件

费率	恢复到系统默认	查询费率信息				

	取费专业	管理费(%)	利润(%)	规费(%)	安全生产、文明施工费(%)		附加税费(%)
					基本费	增加费	
✓1	安装工程	17	11	23.5	5.17	0	13.22

图6-10 费率

政策文件

	说明	简要说明	发布日期	执行日期	执行	文件内容	备注
1	□ 人工费调整						
2	2021年上半年综合用工指导价（石建价信（2021）2号）	关于发布石家庄2021年上半年综合用工指导价的通知	2021-07-01	2021-01-01	☐	查看文件	
3	2020年下半年综合用工指导价（石建价信（2021）1号）	关于发布2020年下半年综合用工指导价的通知	2021-02-01	2020-07-01	☐	查看文件	
4	2020年上半年综合用工指导价（石建价信（2020）2号）	关于发布石家庄2020年上半年综合用工指导价的通知	2020-07-01	2020-01-01	☐	查看文件	
5	2019年综合用工指导价（石建价信（2020）1号）	关于发布2019年建设工程综合用工指导价的通知	2020-03-10	2019-01-01	☐	查看文件	
6	2018年下半年综合用工指导价（石建价信（2019）1号）	关于发布石家庄市2018年下半年建设工程综合用工指导价的通知	2019-10-28	2018-07-01	☐	查看文件	
7	2018年上半年综合用工指导价（石建价信（2018）1号）	关于发布石家庄市2018年上半年综合用工指导价的通知	2018-11-21	2018-01-01	☐	查看文件	
8	2015年综合用工指导价【2015】6号	关于发布石家庄市2015年上半年建筑市场综合用工指导价的通知	2015-10-13	2015-01-01	☑	查看文件	
9	2014年下半年综合用工指导价（石建价信【2015】2号）	关于发布建筑市场综合用工指导价的通知	2015-04-01	2014-07-01	☐	查看文件	
10	2014年上半年综合用工指导价（冀建价信【2014】47号）	关于印发2014年上半年各市建筑市场综合用工指导价审核结果的通知	2014-09-11	2014-01-01	☐	查看文件	
11	2013年下半年综合用工指导价（冀建价信【2014】10号）	关于印发2013年下半年各市建筑市场综合用工指导价审核结果的通知	2014-02-28	2013-07-01	☐	查看文件	
12	□ 安防费率调整						
13	冀建工（2017）78号文	关于调整安全生产文明施工费费率的通知	2017-08-30	2017-09-01	☐	查看文件	
14	冀建市（2015）11号文	关于调整安全文明施工费的通知	2015-07-02	2015-07-15	☑	查看文件	
15	冀建市（2013）29号文	关于调整建筑、装饰、安装、市政等现行计划综合安全文明施工费费率的通知	2013-12-20	2014-01-01	☐	查看文件	

图6-11 政策文件

造价分析要在项目计价完成后，数值才会有相应变化，现在造价分析内数值均为0。

任务二　分部分项工程项目清单编制

一、任务说明

利用3#建筑物（西配楼）给排水工程项目，完成分部分项项目清单编制。

二、操作步骤

分部分项→输入工程量清单→输入工程量→清单名称描述→清单分部整理。

三、任务实施

1.分部分项

选择单位工程给排水工程，如图6-12所示，点击界面中"分部分项"，如图6-13所示，软件会进入单位工程分部分项工程编辑主界面。

图6-12　单位工程

造价分析	工程概况	取费设置	分部分项	措施项目	其他项目	人材机汇总	费用汇总		
	编码	类别		名称	项目特征		单位	含量	工程里
□			整个项目						
1		项	自动提示：请输入清单简称						1

图6-13　分部分项界面

2.输入工程量清单

根据工程量列项，进行工程量清单输入。工程量清单输入可以采用查询输入、按编码输入及简码输入的方式进行输入。

（1）查询输入　在"编码"行双击鼠标左键，或者点击上部菜单中"查询"命令中"查询清单指引"，如图6-14所示，弹出查询对话框后，点击清单指引下的"给排水、采暖、燃气管道"→"塑料管"，右侧会出现可能对应的定额，选择定额8-270至8-274，如图6-15所示；点击界面上部"插入清单"，之后会弹出换算窗口以及未计价材料窗口，后续再来进行换算及计价，这里

图6-14　查询清单

6-2
工程量清单项添加

直接点击"取消"即可，清单项就输入完成了。如图6-16所示。

图6-15 查询界面

图6-16 清单输入

（2）按编码输入 单击鼠标左键，在空行的编码列输入"031001006001"，在本行清单项点击鼠标右键，选择"插入子目"，会在此清单项下出现一行空行，输入"8-305"，即插入塑料排水管清单及子目，如图6-17所示。

| | | 8-305 | 定 | 室内管道 承插塑料排水管(零件黏接) 公称直径(100mm以内) | | 10m | 0.1 | 0.1 | 331.87 | 33.19 | | 369.08 | | 36.91 | 安装工程 | 给排 |
| | | IZ7W0031@1 | 主 | 承插塑料排水管 | | m | 8.52 | 0.852 | | | | | | | | |

图6-17 塑料排水管项

（3）简码输入 对于031001006001塑料管清单项，输入"3-10-1-6"即可。清单的前九位编码可以分为四级，附录顺序码03，专业工程顺序码10，分部工程顺序码01，分项工程项目名称顺序码006，软件把项目编码进行简码输入，提高输入速度，其中清单项目名称顺序码"001"由软件自动生成。

在此基础上，继续输入清单项 031001007001 复合管时，复合管和塑料管清单项的附录顺序码、专业工程顺序码等相同，只需输入后面不同的编码即可。清单项中，只需输入"1-7"，点击回车键。软件会保留前一条清单的前两位编码"3-10"：清单项输入后，插入定额子目，子目主材换成钢塑复合管，如图6-18所示。

	编码	类别	名称	项目特征	单位	含量	工程量	单价	合价	综合单价	综合合价	单价构成文件
	造价分析		工程概况	取费设置	分部分项	措施项目	其他项目	人材机汇总		费用汇总		
			整个项目								294.72	
1	⊞ 031001008001	项	塑料管		m		1			103.64	103.64	[安装工程]
2	⊟ 031001007001	项	复合管	...	m		1			191.08	191.08	[安装工程]
	⊟ 8-252	定	室内管道 给水复合管(卡箍、卡套式连接) 管外径(32mm以内)		10m	0.1	0.1	284.78	28.48	296.54	29.65	安装工程
	OG3W000101	主	钢塑复合管		m	10.2	1.02	0	0			
	⊟ 8-253	定	室内管道 给水复合管(卡箍、卡套式连接) 管外径(40mm以内)		10m	0.1	0.1	353.45	35.35	367.56	36.76	安装工程
	OG3W000102	主	钢塑复合管		m	10.2	1.02	0	0			
	⊟ 8-254	定	室内管道 给水复合管(卡箍、卡套式连接) 管外径(50mm以内)		10m	0.1	0.1	469.08	46.91	485.21	48.52	安装工程
	OG3W000103	主	钢塑复合管		m	10.2	1.02	0	0			

图6-18　复合管输入

在实际工程中，编码相似也就是章节相近的清单项一般都是连在一起的，所以用简码输入方式处理起来更方便快速。

（4）补充清单项　若在清单输入过程中，找不到所需清单，可以采用补充清单项进行补充，点击上方工具栏中"补充"，选择清单，弹出"补充清单"窗口，进行编码、名称、单位及项目特征输入。如图 6-19 所示。输入完成，即补充清单项输入完成，其中，编码可根据项目或者编制人的要求进行编写。

图6-19　补充清单项输入

6-3　工程量输入

3. 输入工程量

工程量输入的方式中，常用的有两种方式：直接输入和工程量表达式输入。

（1）直接输入　塑料给水管管外径（20mm 以内），在工程量列输入"3.6291"，如图 6-20 所示。

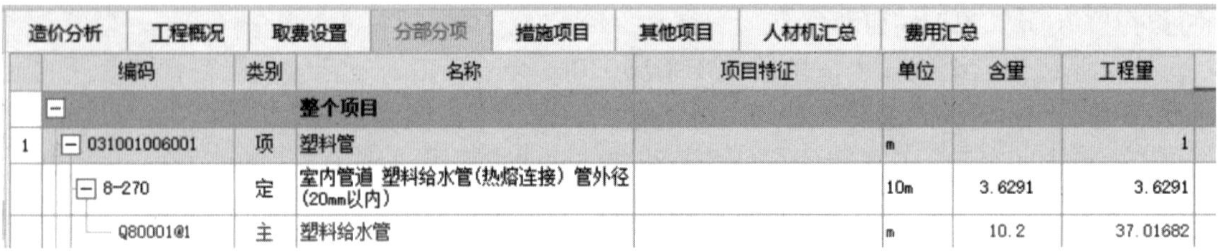

造价分析	工程概况	取费设置	分部分项	措施项目	其他项目	人材机汇总	费用汇总		
编码		类别	名称		项目特征		单位	含量	工程量
	−		整个项目						
1	− 031001006001	项	塑料管				m		1
	− 8-270	定	室内管道 塑料给水管(热熔连接) 管外径(20mm以内)				10m	3.6291	3.6291
	Q80001@1	主	塑料给水管				m	10.2	37.01682

图6-20　塑料给水管工程量输入

（2）工程量表达式输入　若在进行工程量计算时，需要进行数值基本运算，可以采用工程量表达式进行计算。如果界面不显示"工程量表达式"单元格，可将鼠标放置在最上面一行点击右键，选择"页面显示列设置"，则会出现如图6-21所示界面，勾选"工程量表达式"即可，如果想显示其他项目则勾选即可。

图6-21　页面显示列设置界面

若计算的塑料给水管管外径（20mm以内）清单项中，工程量要多增加"20"，则可采用工程量表达式进行计算，双击工程量表达式单元格，点击小三点按钮 ，在弹出的"编辑工程量表达式"对话框中，点击"追加"按钮，输入"+20"，点击"确定"，得到如图6-22所示界面。

4. 清单名称描述

① 项目特征及内容　对项目中复合管进行清单"项目特征及内容"描述。选中"复合管"清单项，点击下方"特征及内容"，在特征中输入特征值，对应"输出"勾选，则上方清单项中会出现相应描述项。

图6-22　编辑工程量表达式

6-4　项目特征及
整理清单

　　点击下方"特征及内容"，按照工程和图纸相关信息填写"特征值"，需要在清单项中显示的，在"输出"处打钩，如图6-23所示。

图6-23　"复合管"工程"特征及内容"界面

　　如果需要补充"特征值"以外的特征，点击清单项中"项目特征"的小三点按钮⏸，弹出"查询项目特征方案"编辑界面，如图6-24所示，在"项目特征"框内进行补充即可。

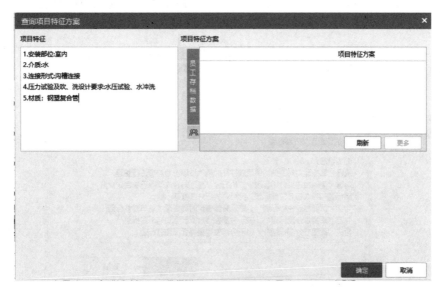

图6-24　项目特征编辑界面

② 将右侧隐藏部分拉出，出现"选项"界面，然后在"添加位置"处选择"添加到清单名称列"，点击"应用规则到全部清单"。如图 6-25 所示。

图6-25 项目特征"选项"界面

软件会把项目特征信息输入到项目名称中，如图 6-26 所示。

	编码	类别	名称	项目特征
	−		**整个项目**	
1	+ 031001006001	项	塑料管	
2	− 031001007001	项	复合管 1.安装部位:室内 2.介质:水 3.连接形式:沟槽连接 4.压力试验及吹、洗设计要求:水压试验、水冲洗	…

图6-26 项目特征显示在名称列

5. 清单分部整理

在上部功能区"清单整理"选择"分部整理"，在弹出的"分部整理"界面勾选"需要章分部标题"，如图 6-27 所示。分部整理完，软件会按照计价规范的章节编排增加分部行，并建立分部行和清单行的归属关系。同时，左边会出现分部工程名称。如图 6-28 所示。

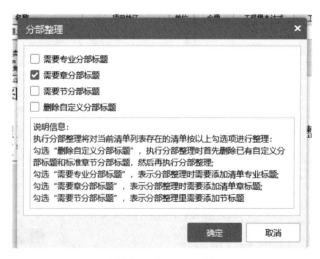

图6-27 分部整理界面

图6-28　分部整理完后的页面

任务三　清单综合单价组价

一、任务说明

完成项目清单综合单价组价。

二、操作步骤

清单组价设置→定额子目输入→子目工程量输入→定额换算→标准换算→单价构成设置。

三、任务实施

清单项编制完成后，开始进行价格组价及调整，首先进行清单综合单价组价。

1. 清单组价设置

在进行工程量清单组价前，可以先进行设置，点击左上角"文件"按钮，选择"选项"，出现如图 6-29 所示的界面。

2. 定额子目输入

清单计价中分为清单项及子目项，子目项即为定额项，定额下包含有未计价费用。以塑料管为例，清单项为塑料管，子目中包含了塑料管管材、规格等子目项，每个子目项价格都不同，因此进行综合单价组价时，要有子目项。输入定额子目项的方式和清单输入方法一样，即查询输入、编码输入及简码输入的方式。

查询输入时，在"分部分项"中点击"插入清单"会出现一个空白的清单行，双击编码进入"查询"界面，以输入"水表"组价为例，界面选择"清单指引"，选择"管道附件"清单项，右侧会出现相匹配的定额子目，按照工程要求选择需要的子目即可，如图 6-30 所示。

图6-29 选项界面

图6-30 "清单指引"界面

点击"插入清单"，软件即可完成该清单项目的组价，输入子目工程量，组价后"水表"清单如图 6-31 所示。

3	☐ 031003013001	项	水表			组		2		2
	☐ 8-549	定	螺纹水表组成、安装 公称直径(80mm以内)			组	1	2		2
	── QC1W3051@1	主	螺纹水表			个	1			2

图6-31　组价后"水表"清单项

提示

定额子目在输工程量时和清单输入方法相同，如果直接在"工程量"列下输入，一定输入实际值，回车后软件会自动除以前面的定额单位。

3. 输入子目工程量

定额子目的工程量与工程量清单项目工程量输入方法相同，具体方法可参照本项目"任务二"，如果要对整个项目工程量进行修改，可以使用"工程量批量乘系数"命令。

6-5
子目工程量输入

点击上部功能区"其他"按钮，选择"工程量批量乘系数"，会弹出如图 6-32 所示界面，下面可以选择"清单"或"子目"，如果选择"清单"，"工程量乘系数"输入"1.2"，那么工程所有的清单项的工程量都会乘以 1.2 的系数，如果选择"子目"，那么工程所有的定额子目的工程量都会乘以 1.2 的系数，如果"清单"和"子目"都勾选，那么工程所有的工程量都会乘以 1.2 的系数。

4. 定额换算

（1）系数换算　以"塑料给水管管外径（20mm 以内）"为例，调整前单价为"93.15"，如图 6-33 所示，选中"塑料管"清单下的 8-270 子目，点击子目编码列，使其处于编辑状态，在子目编码后面输入"×1.1"，调整后单价为"102.47"，如图 6-34 所示，软件就会把这条子目的单价乘以 1.1 的系数。

（2）标准换算　给排水工程计算规则中，设置于管道间、管廊内的管道、阀件（阀门、过滤器、伸缩器、水表、热量表等）、法兰、支架安装，人工 ×1.3。因此，在进行计价时，如果满

图6-32　工程量批量乘系数

6-6　定额换算

编码	类别	名称	项目特征	单位	含量	工程量表达式	工程量	单价
⊟		整个项目						
⊟ C.10	部	给排水、采暖、燃气工程						
⊟ 031001006001	项	塑料管		m		1	1	
⊟ 8-270	定	室内管道 塑料给水管(热熔连接) 管外径 (20mm以内)		10m	3.6291	36.291 ...	3.6291	93.15
Q80001@1	主	塑料给水管		m	10.2		37.01682	0

图6-33 定额子目乘系数之前

编码	类别	名称	项目特征	单位	含量	工程量表达式	工程量	单价
⊟		整个项目						
⊟ C.10	部	给排水、采暖、燃气工程						
⊟ 031001006001	项	塑料管		m		1	1	
⊞ 8-270 *1.1	换	室内管道 塑料给水管(热熔连接) 管外径 (20mm以内) 单价*1.1		10m	3.6291	36.291	3.6291	102.47

图6-34 定额子目乘系数之后

足上述计价规则，则人工费需乘以系数 1.3。此项则在标准换算中进行计算，或者在添加清单和子目项时，会弹出换算窗口，如图 6-35 所示。在换算窗口中，选中换算项，可以进行人工费调整。或者，可以点击界面下方"标准换算"，选中软件给出来的此项调整，来进行标准换算，如图 6-36 所示。进行标准换算后，定额子目编码列会出现变化，同时名称中会多出来标准换算项目，如图 6-37 所示。

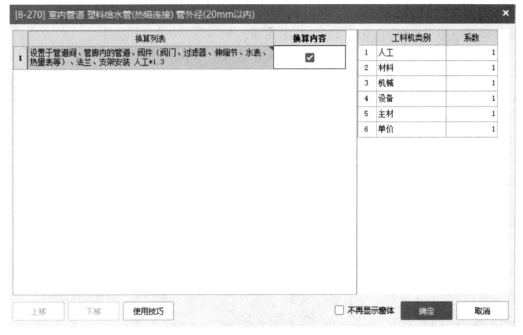

图6-35 查询清单时标准换算

工料机显示	单价构成	标准换算	换算信息	安装费用	特征及内容	工程量明细	反查图形工程量	说明信息	组价方案

换算列表	换算内容
1 设置于管道间、管廊内的管道、阀件（阀门、过滤器、伸缩节、水表、热量表等）、法兰、支架安装 人工*1.3	☑

图6-36 标准换算

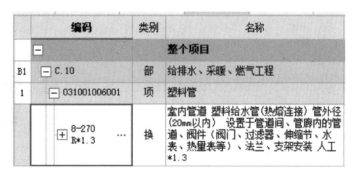

图6-37　标准换算完后的定额子目

在实际工作中，大部分换算都可以通过标准换算来完成。

5. 单价构成设置

在下方功能区选择"单价构成"，如图 6-38 所示。

6-7　单价构成

	序号	费用代号	名称	计算基数	基数说明	费率(%)	单价	合价	费用类别	备注
1	1	A	直接费	A1+A2+A3	人工费+材料费+机械费		111.65	405.19	直接费	
2	1.1	A1	人工费	RGF	人工费		80.16	290.91	人工费	
3	1.2	A2	材料费	CLF+ZCF	材料费+主材费		30.83	111.89	材料费	
4	1.3	A3	机械费	JXF	机械费		0.66	2.4	机械费	
5	2	B	企业管理费	YS_RGF+YS_JXF	预算价人工费+预算价机械费	17	12.31	44.67	管理费	
6	3	C	利润	YS_RGF+YS_JXF	预算价人工费+预算价机械费	11	7.97	28.92	利润	
7			工程造价	A+B+C	直接费+企业管理费+利润		131.93	478.79	工程造价	

图6-38　单价构成界面

如果需要调整构成中某一项费率，可以双击对应项费率，直接修改即可，修改完成后，软件会根据修改重新计算综合单价。

此外，除了费率可以进行修改，计算基数部分也可以进行修改。

任务四　措施项目清单编制

一、任务说明

完成措施项目清单编制。

二、操作步骤

措施项目→总价措施项目清单编制。

三、任务实施

1. 措施项目

点击界面上部"措施项目",进行措施项目编制。

2. 总价措施项目清单编制

措施项目分为总价措施和单价措施,在安装中只有总价措施,没有单价措施。

点击上部功能区"安装费用",然后选择"记取安装费用",如图 6-39 所示。弹出"统一设置安装费用"对话框,如图 6-40 所示。在给出来的费用项中,根据工程实际情况进行选择所要计取的费用,如果每一项都选择,则会出现如图 6-41 所示的结果。

6-8 措施项目

图6-39 安装费用

	选择	费用项	记取位置	具体项
1	□	全国统一安装工程预算定额河北省消耗量定额(2012)		
2	□	超高费	指定措施	031302007001高层施工增加
3	□	系统调试费	指定清单	
4	□	垂直运输费	指定措施	031302B07001垂直运输费
5	□	脚手架搭拆	指定措施	031301017001脚手架搭拆
6	□	操作高度增加费	对应清单	

图6-40 统一设置安装费用

	序号	类别	名称	单位	项目特征	组价方式	调整系数	工程量	综合单价	综合合价	取费专业
		定	自动提示:请输入子目简称					0	0	0	
10	031302007001		高层施工增加	项		可计量清单	1	1	79.82	79.82	
		定	自动提示:请输入子目简称					0	0	0	
	8-958	安	超高费(9层/30m以下)(给排水、采暖、燃气工程)	元				1	79.82	79.82	安装工程
11	031302B07001		垂直运输费	项		可计量清单	1	1	6.33	6.33	
		定	自动提示:请输入子目简称					0	0	0	
	8-991	安	垂直运输费(给排水、采暖、燃气工程)	元				1	6.33	6.33	安装工程
12	031302B08001		施工与生产同时进行增加费用	项		可计量清单	1	1	0	0	
		定	自动提示:请输入子目简称					0	0	0	
13	031302B09001		有害环境中施工增加费	项		可计量清单	1	1	0	0	
		定	自动提示:请输入子目简称					0	0	0	
14	031301017001		脚手架搭拆	项		可计量清单	1	1	18.54	18.54	
		定	自动提示:请输入子目简称					0	0	0	
	8-956	安	脚手架搭拆费(给排水、采暖、燃气工程)	元				1	18.54	18.54	安装工程

图6-41 记取安装费用

记取完安装费用后,再点击"自动计算措施费用",在"自动计算措施费用"界面选择工程需要计算的措施费用,点击"自动计算",则完成措施费用计算。如图 6-42 所示。

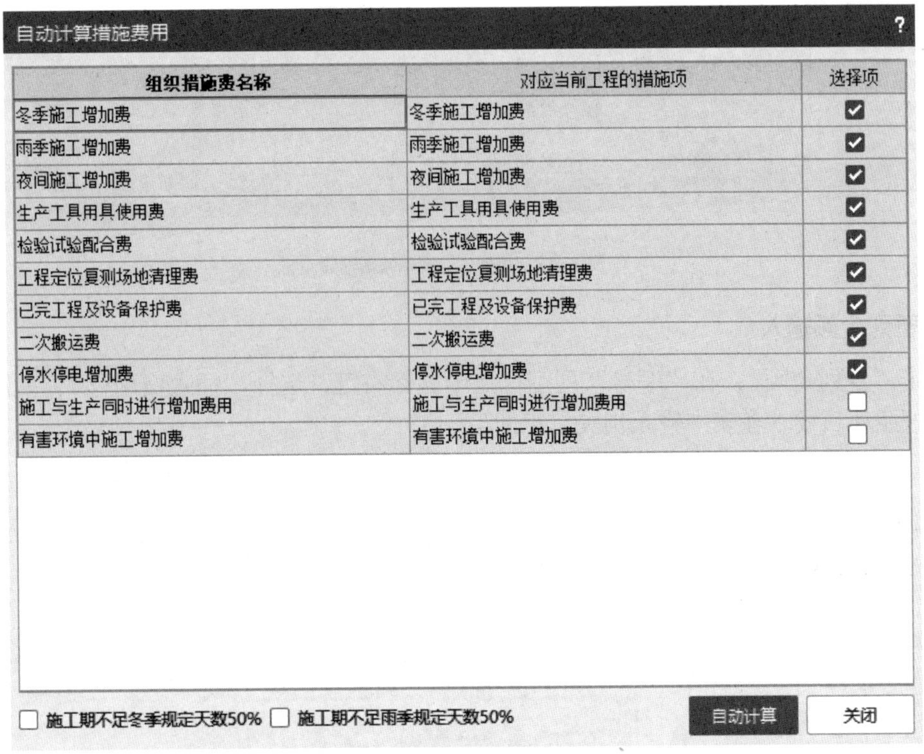

图6-42 自动计算措施项目界面

自动计算措施费用		?
组织措施费名称	**对应当前工程的措施项**	**选择项**
冬季施工增加费	冬季施工增加费	☑
雨季施工增加费	雨季施工增加费	☑
夜间施工增加费	夜间施工增加费	☑
生产工具用具使用费	生产工具用具使用费	☑
检验试验配合费	检验试验配合费	☑
工程定位复测场地清理费	工程定位复测场地清理费	☑
已完工程及设备保护费	已完工程及设备保护费	☑
二次搬运费	二次搬运费	☑
停水停电增加费	停水停电增加费	☑
施工与生产同时进行增加费用	施工与生产同时进行增加费用	☐
有害环境中施工增加费	有害环境中施工增加费	☐

☐ 施工期不足冬季规定天数50%　☐ 施工期不足雨季规定天数50%　　　[自动计算]　[关闭]

图6-42　自动计算措施项目界面

任务五　其他项目清单编制

一、任务说明

完成其他项目清单编制。

二、操作步骤

其他项目→暂列金额输入→计日工费用输入。

三、任务实施

1. 其他项目

在界面上部选择"其他项目"，进入其他项目编辑界面。其他项目包括：暂列金额、暂估价、计日工及总承包服务费。软件中其他项目清单如图6-43所示。在各个分项的其他项目中输入信息后，在图6-43所示的界面就可以显示相关联的内容。

6-9　其他项目

图6-43　其他项目清单编辑界面

2.暂列金额输入

点击"暂列金额"，在"序号"列空行点击鼠标右键，选择"插入费用行"，如图 6-44 所示，按照项目要求在表中输入相关信息即可。

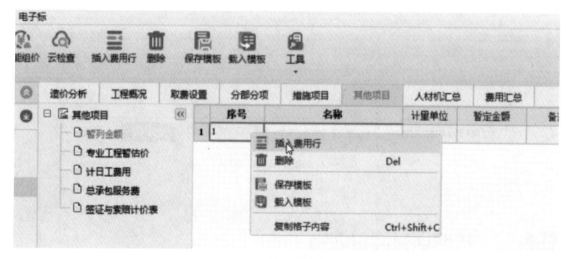

图6-44　暂列金额

3.计日工费用输入

点击"计日工费用"，在"序号"列的二级标题下空行点击鼠标右键，选择"插入费用行"，按照项目要求在表中输入相关信息即可。

任务六　人材机汇总

一、任务说明

完成项目人材机汇总。

二、操作步骤

人材机汇总→人工费调整→材料费调整。

三、任务实施

1. 人材机汇总

在界面上部选择"人材机汇总"，进入人材机汇总编辑界面。

2. 人工费调整

6-10　人材机
汇总

点击左侧"所有人材机"中的"人工表"，直接在"市场价"列进行修改，只要修改过价格的项目底纹将变成黄色，价格上调的字体显示红色，价格下调的字体显示绿色，如图6-45所示。

	编码	类别	名称	规格型号	单位	数量	预算价	市场价	价格来源
1	10000002	人	综合用工二类		工日	6.8274	60	67.02	2015年上半年综合用工指导价（石建价【2015】6号）

图6-45　人工费修改界面

3. 材料费调整

点击左侧"所有人材机"中的"材料表"，直接在"市场价"列进行修改，只要修改过价格的项目底纹将变成黄色，价格上调的字体显示红色，价格下调的字体显示绿色，如图6-46所示。

	编码	类别	名称	规格型号	单位	数量	预算价	市场价	价格来源
1	AC1-0030	材	镀锌扁钢 <−59		kg	0.16	5.4	6	自行询价
2	BB1-0047	材	水泥 32.5		kg	12.1195	0.36	0.36	
3	BC4-0008	材	砂子		m³	0.0381	34	34	
4	BK5-0067	材	塑料胀管 φ6~8		个	45.4608	0.1	0.1	
5	BK5-3046	材	塑料扣座 φ32		个	1.428	1.02	0.9	自行询价

图6-46　材料费修改界面

假设给排水工程中，所有管道都是甲供材料，那么需要在"供货方式"列点击右边的图标 ⊣，在下拉菜单中选择"甲供材料"，如图6-47所示。

	编码	类别	名称	规格型号	单位	除税系数（%）	进项税额	价差	价差合计	供货方式
1	KZ7W0031@1	主	承插塑料排水管	公称直径(100mm以内)	m	11.28	0	0	0	甲供材料
2	0G3W0001@1	主	钢塑复合管	管外径(32mm以内)	m	11.28	0	0	0	甲供材料 ▼
3	0G3W0001@2	主	钢塑复合管	管外径(40mm以内)	m	11.28	0	0	0	甲供材料

图6-47　"甲供材料"选择界面

在左侧导航栏点击"发包人供应材料和设备"，右侧会显示所有甲供材料，如图6-48所示。

	编码	类别	材料名称	规格型号	单位	甲供数量	单价
1	KZ7W0031@1	主	承插塑料排水管	公称直径（100m…	m	0.852	40
2	OG3W0001@1	主	钢塑复合管	管外径（32mm以…	m	1.02	20
3	OG3W0001@2	主	钢塑复合管	管外径（40mm以…	m	1.02	23
4	OG3W0001@3	主	钢塑复合管	管外径（50mm以…	m	1.02	28.2
5	OG3W0001@4	主	钢塑复合管	管外径（63mm以…	m	1.02	27.4
6	OG3W0001@7	主	钢塑复合管	管外径（75mm以…	m	1.02	35.5
7	PT0W0027@1	主	阀门	公称直径（80mm…	个	2.02	496.32
8	Q80001@1	主	塑料给水管	管外径（20mm以…	m	37.0168	4.8
9	Q80001@2	主	塑料给水管	管外径（25mm以…	m	1.02	6.32
10	Q80001@3	主	塑料给水管	管外径（32mm以…	m	1.02	7.12
11	Q80001@4	主	塑料给水管	管外径（40mm以…	m	1.02	7.56

图6-48   "发包人供应材料和设备"显示界面

任务七　费用汇总及报表编辑

一、任务说明

完成费用汇总及报表编辑。

二、操作步骤

费用汇总→报表编辑→报表导出及保存。

三、任务实施

1. 费用汇总

点击"费用汇总"可以查看及核实费用，如图 6-49 所示。

6-11　费用汇总
及报表编辑

	序号	费用代号	名称	计算基数	基数说明	费率(%)	金额	费用类别	输出
1	1	A	分部分项工程量清单计价合计	FBFXHJ	分部分项合计		2,328.06	分部分项工程量清单合计	☑
2	2	B	措施项目清单计价合计	CSXMHJ	措施项目清单计价合计		176.93	措施项目清单合计	☑
3	2.1	B1	单价措施项目工程量清单计价合计	DJCSF	单价措施项目		0.00	单价措施项目费	☑
4	2.2	B2	其他总价措施项目清单计价合计	QTZJCSF	其他总价措施项目		176.93	其他总价措施项目费	☑
5	3	C	其他项目清单计价合计	QTXMHJ	其他项目合计		0.00	其他项目清单合计	☑
6	4	D	规费	GFHJ	规费合计		127.20	规费	☑
7	5	E	安全生产、文明施工费	AQWMSGF	安全生产、文明施工费		115.03	安全文明施工费	☑
8	6	F	税前工程造价	A＋B＋C＋D＋E	分部分项工程量清单计价合计+措施项目清单计价合计+其他项目清单计价合计+规费+安全生产、文明施工费		2,747.22	税前工程造价	☑
9	6.1	F1	其中：进项税额	JXSE+SBFJXSE	进项税额+设备费进项税额		47.09	进项税额	☑
10	7	G	销项税额	F+SBF+JSCS_SBF-JGCLF-JGZCF-JGSBF-F1	税前工程造价+分部分项设备费+组价措施项目设备费-甲供材料费-甲供主材费-甲供设备费-其中：进项税额	9	119.10	销项税额	☑
11	8	H	增值税应纳税额	G-F1	销项税额-其中：进项税额		72.01	增值税应纳税额	☑
12	9	I	附加税费	H	增值税应纳税额	13.22	9.52	附加税费	☑
13	10	J	税金	H+I	增值税应纳税额+附加税费		81.53	税金	☑

图6-49　费用汇总

2. 报表编辑

在菜单栏中点击"报表"，软件会进入报表界面，如图6-50所示。

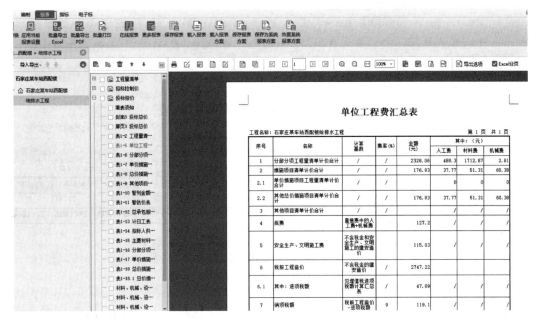

图6-50　报表界面

报表可以以 Excel 或者 PDF 的格式进行批量导出，如图 6-51 所示。选择一个报表，点击鼠标右键，也可以导出一个报表。

选择一个报表，点击鼠标右键，选择"简便设计"，如图 6-52 所示，可以对报表的格式和打印要求进行设计。

选择一个报表，点击鼠标右键，选择"设计"，如图 6-53 所示，可以对报表的结构进行设计，例如，要去掉"机械费"一列，可以在"报表设计器"中选中机械费，右击选中"删

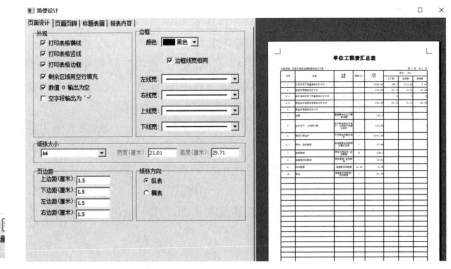

图6-51　批量导出报表　　　　　　　　　图6-52　报表简便设计

除列"，则可以去掉"机械费"这一项。具体根据工程实际修改。

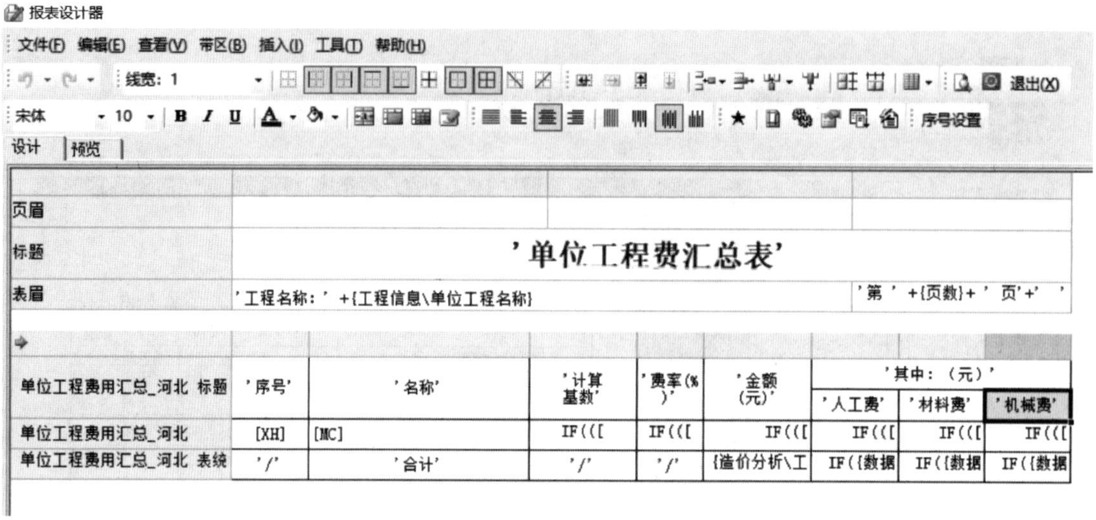

图6-53 报表设计器

3. 报表导出及保存

报表中哪部分数据错误，需要再重新回到前边对应项进行修改，报表中不能进行数据修改。报表修改完成后，导出 Excel 或者 PDF 格式文档，点击保存按钮 □，然后关闭预算文件，回到投标管理主界面。计价计算及报表输出完成。

能力训练题

1. 工程量计价中，以下哪项不会影响安装工程取费设置？（   ）

   A. 建筑面积　　　　　　B. 框架结构　　　　　　C. 工程类别　　　　D. 建筑层数

2. 输入工程量清单项的方法正确的是（   ）。

   A. 查询清单　　　　　　B. 标准换算　　　　　　C. 查询子目　　　　D. 插入子目

3. 措施项目中，若要记取操作高度增加费，点击工具栏中哪个选项？（   ）

   A. 自动计算措施费用　　B. 操作高度增加费　　C. 记取安装费用　　D. 查询清单

4. 其他项目清单中可以包含的内容有（   ）。

   A. 计日工费用　　　　　B. 文明施工费　　　　　C. 总承包服务费　　D. 暂估价

   E. 暂列金额

5. GCCP 软件中，报表可以输出的格式有（   ）。

   A. 文本文档　　　　　　B. Excel格式　　　　　C. PDF格式　　　　D. 图片格式

6. 利用 GCCP 软件，完成 3# 建筑物（西配楼）给排水工程清单计价并输出报表。

[1] GB 50856—2013. 通用安装工程工程量计算规范.

[2] GB 50500—2013. 建设工程工程量清单计价规范.

[3] 河北省工程造价管理站. 全国统一安装工程预算定额　河北省消耗量定额. 北京：中国建材工业出版社，2012.